KB178896

과학 공화국
화학 법정

7
여러 가지 화합물

과학공화국 화학법정 7
여러 가지 화합물

ⓒ 정완상, 2007

초판 1쇄 발행일 | 2007년 9월 15일
초판 17쇄 발행일 | 2023년 2월 22일

지은이 | 정완상
펴낸이 | 정은영

펴낸곳 | (주)자음과모음
출판등록 | 2001년 11월 28일 제2001-000259호
주소 | 10881 경기도 파주시 회동길 325-20
전화 | 편집부 (02)324-2347 경영지원부 (02)325-6047
팩스 | 편집부 (02)324-2348 경영지원부 (02)2648-1311
e - mail | jamoteen@jamobook.com

ISBN 978-89-544-1466-1 (04430)

과학공화국 화학법정

화학법정

정완상(국립 경상대학교 교수) 지음

7
여러 가지 화합물

㈜자음과모음

생활 속에서 배우는 기상천외한 과학수업

화학과 법정, 이 두 가지는 전혀 어울리지 않은 소재들입니다. 그리고 여러분에게 제일 어렵게 느껴지는 말들이기도 하지요. 그럼에도 불구하고 이 책의 제목에는 분명 '화학법정'이라는 말이 들어있습니다. 그렇다고 이 책의 내용이 아주 어려울 거라고 생각하지는 마세요.

저는 법률과는 무관한 과학을 공부하는 사람입니다. 하지만 '법정'이라고 제목을 붙인 데에는 이유가 있습니다.

이 책은 우리의 생활 속에서 일어나는 여러 가지 재미있는 사건들을 다루면서 과학적인 원리를 이용해 사건들을 차근차근 해결해 나갑니다. 그런데 크고 작은 사건들의 옳고 그름을 판단하기 위한 무대가 필요했습니다. 바로 그 무대로 법정이 생겨나게 된 것이지요.

왜 하필 법정이냐고요? 요즘에는 〈솔로몬의 선택〉을 비롯하여 생활 속에서 일어나는 사건들을 법률을 통해 재미있게 풀어 보는 텔레비전 프로그램들이 많습니다. 사건에 등장하는 인물들이 우스꽝스럽고, 사건을 해결하는 과정도 흥미진진하기 때문에 이러한 프로그램은 시청자들에게 좋은 호응을 얻고 있습니다. 〈솔로몬의 선택〉이 법률 상식을 쉽고 재미있게 얘기하듯이, 이 책은 여러분의 화학 공부를 쉽고 재미있게 해 줄 것입니다.

여러분은 이 책을 읽고 나서 자신의 달라진 모습에 놀랄 겁니다. 과학에 대한 두려움이 싹 가시고, 새로운 문제에 대해 과학적인 호기심을 보이게 될 테니까요. 물론 여러분의 과학 성적도 쑥쑥 올라가겠죠.

끝으로 이 책을 쓰는 데 도움을 준 (주)자음과모음의 강병철 사장님과 모든 식구들에게 감사를 드리며, 스토리 작업에 참여해 주말도 없이 함께 일해 준 조민경, 강지영, 이나리, 김미영, 도시은, 윤소연, 강민영, 황수진, 조민진 양에게도 감사를 드립니다.

진주에서

정완상

목차

판사

화지변호사

화학법정의 탄생

　과학공화국이라고 부르는 나라가 있었다. 이 나라는 과학을 좋아하는 사람들이 모여 살고 있다. 인근에는 음악을 사랑하는 사람들이 살고 있는 뮤지오 왕국과 미술을 사랑하는 사람들이 사는 아티오 왕국, 공업을 장려하는 공업공화국 등 여러 나라가 있었다.

　과학공화국 사람들은 다른 나라 사람들에 비해 과학을 좋아했지만 과학의 범위가 넓어 어떤 사람은 물리를 좋아하는 반면 또 어떤 사람은 화학을 좋아하기도 했다.

　특히 다른 모든 과학 중에서 환경과 밀접한 관련이 있는 화학은 과학공화국의 명성과 맞지 않게 국민들의 수준이 그리 높은 편은 아니었다. 그리하여 공업공화국의 아이들과 과학공화국의 아이들이 화학 시험을 치르면 오히려 공업공화국 아이들의 점수가 더 높을 정도였다.

　특히 최근 인터넷이 공화국 전체에 퍼지면서 게임에 중독된 과학공화국 아이들의 화학 실력은 기준 이하로 떨어졌다. 그것은 직접 실험을 하지 않고 인터넷을 통해 모의 실험을 하기 때문이었다. 그러다 보니 화학 과외나 학원이 성행하게 되었고, 그런 와중에 아이들에게 엉터리 내용을 가르치는 무자격 교사들도 우후죽순 나타나기 시작했다.

화학은 일상생활의 여러 문제에서 만나게 되는데 과학공화국 국민들의 화학에 대한 이해가 떨어지면서 곳곳에서 분쟁이 끊이지 않았다. 그리하여 과학공화국의 박과학 대통령은 장관들과 이 문제를 논의하기 위해 회의를 열었다.

"최근의 화학 분쟁을 어떻게 처리하면 좋겠소."

대통령이 힘없이 말을 꺼냈다.

"헌법에 화학 부분을 좀 추가하면 어떨까요?"

법무부 장관이 자신 있게 말했다.

"좀 약하지 않을까?"

대통령이 못마땅한 듯이 대답했다.

"그럼 화학으로 판결을 내리는 새로운 법정을 만들면 어떨까요?"

화학부 장관이 말했다.

"바로 그거야! 과학공화국답게 그런 법정이 있어야지. 그래! 화학법정을 만들면 되는 거야. 그리고 그 법정의 판례들을 신문에 게재하면 사람들이 더 이상 다투지 않고 자기의 잘못을 인정하게 될 거야."

대통령은 입을 환하게 벌리고 흡족해했다.

"그럼 국회에서 새로운 화학법을 만들어야 하지 않습니까?"

법무부 장관이 약간 불만족스러운 듯한 표정으로 말했다.

"화학적인 현상은 우리가 직접 관찰할 수 있습니다. 방귀도 화학적인 현상이지요. 그것은 누가 관찰하든지 같은 현상으로 보입니다. 그러므로 화학법정에서는 새로운 법을 만들 필요가 없습니다. 혹시 새로운 화학 이론이 나온다면 모를까……."

생물부 장관이 법무부 장관의 말을 반박했다.

"그래, 나도 방귀 냄새는 왜 나는 건지 항상 궁금했지만 물어볼 만한 곳이 없었어."

대통령은 벌써 화학법정 건립을 확정 짓는 것 같았다. 이렇게 해서 과학공화국에는 화학적으로 판결하는 화학법정이 만들어졌다.

초대 화학법정 판사는 화학에 대한 책을 많이 쓴 화학짱 박사가 맡았다. 그리고 두 명의 변호사를 선발했는데 한 사람은 화학과를 졸업했지만 화학에 대해 그리 깊게 알지 못하는 40대의 화치라는 사람이었고, 다른 한 사람은 어릴 때부터 화학 영재 교육을 받은 화학 천재 케미였다.

이렇게 해서 과학공화국 사람들 사이에서 벌어지는 화학과 관련된 많은 사건들이 화학법정의 판결을 통해 깨끗하게 마무리될 수 있었다.

물질에 관한 사건

기름을 버리면 세금을 더 내야죠

기름을 정화하는 데 얼마나 많은 물이 필요할까요?

된장찌개를 파는 된장좋아의 주인아주머니는 요즘
장사가 잘되지 않아 걱정이 이만저만이 아니었다.

"아무리 경기가 안 좋아도 그렇지 이렇게 장사가
안 되나…… 큰일이네……."

그러던 찰나 된장좋아의 앞집에 튀김 포장마차가 생겼고 된장좋
아 주인아주머니는 후식으로 튀김을 제공하면 다른 식당과 차별화
된 서비스로 손님을 더 끌 수 있지 않을까 하는 생각이 들었다.

"아이고, 호호호! 아주머니 안녕하세요. 저는 저기 된장좋아의
주인이야~ 앞으로 친하게 지내자고! 목욕탕도 같이 다니고 그럽

시다~ 호호호."

"네~ 호호호, 무슨 일로? 튀김 드릴까요?"

"아니~ 내가 먹으려는 게 아니라 우리 식당에 튀김을 좀 납품해 주시면 어떨까 해서, 우리 식당에서 손님들께 후식으로 튀김을 내 가려고."

"정말요? 그럼 저야 너무 좋죠. 그럼 오늘 점심부터 바로 납품해 드릴게요."

된장좋아 주인아주머니는 전문 업체에 맡기는 금액의 절반이 조금 넘는 가격에 흥정을 보았고 튀김집 아주머니는 일정한 수입이 생길 생각에 들떠 있었다.

'정말 다행이야. 안 그래도 다음 달에 목돈 들어갈 일이 있어서 어쩌나 걱정했는데 말이야.'

그리고 그날 저녁, 뉴스에선 다음과 같은 소식이 흘러나왔다.

"작년부터 계획해 왔던 새로운 물 사용료 책정 법안이 내일부터 실행됩니다. 종전 방식과는 다르게 금액이 책정될 예정이니, 이제 부터 물을 사용하는 데 더욱 신중해야 할 필요가 있겠습니다."

"엥? 저게 무슨 소식이지?"

이유인즉슨 이러하였다. 한국이 물 부족 국가로 분류되면서 환경 부에서는 액체 쓰레기를 버릴 때는 물로 액체 쓰레기를 희석하는 비율에 따라 물 사용료를 받기로 한 것이다.

다음 날, 음식 쓰레기가 많이 나오는 식당에서는 걱정이 이만저만이 아니었다. 된장좋아의 사정 역시 별반 다르지 않았다.

"큰일이네. 이제부터 된장찌개 국물을 희석할 때 드는 물만큼 비용을 받는다는 거 아니야!"

"그러게요. 일단은 오늘부터 손님들께 음식을 남기면 안 되니 먹을 만큼만 주문하시라고 꼭 말씀드리고……."

첫 시행인 만큼 비용이 얼마가 나올지 전혀 예상치 못한 식당 주인들은 다들 한 달 후에 나올 고지서에 촉각을 곤두세우고 있었다.

그리고 한 달 후.

"아주머니 여기 고지서 나왔어요."

"어어, 그래. 얼른 줘 봐 3만 원이라…… 뭐 장사하는 사람한테 큰 타격을 줄 만한 금액은 아닌 것 같네. 자자, 다음 달도 요번 달처럼만 음식 쓰레기에 신경 쓰자고!"

하지만 이와 반대로 울상을 짓는 사람은 따로 있었으니 튀김집 아주머니였다.

'납입금, 105만 원? 아니 이게 무슨 일이야! 다른 집들은 사용료가 얼마나 나왔는지 알아봐야겠다.'

"아주머니, 저 튀김집인데 물 사용료 얼마 나오셨어요?"

"응, 우리는 3만 원 나왔는데."

"네? 3만 원요? 저는 105만 원 나왔어요. 이게 무슨 일이에요? 제가 35배나 더 내고 있잖아요. 저희는 물과는 섞이지도 않는 기름을 쓰니까 오히려 적게 나와야 맞는 건데, 이건 너무 많이 나왔잖아요."

"정말 그러네."

"된장좋아에 납품하게 돼서 들어갈 목돈은 마련해 놨으니 안심해도 되겠지 했는데 고스란히 세금으로 내게 생겼네요."

"일단은 환경부에 전화해서 물어봐."

"당연히 내라고 하겠죠! 그럴 게 아니라 고소라도 해야겠어요. 105만 원이 뒷집 사는 개 이름도 아니고 정말. 아무리 법이 바뀌어도 그렇지, 이렇게 큰돈을 세금으로 내라니요? 제가 무슨 건물을 몇 채씩 가지고 있는 부자도 아니고……."

"그럼 그렇게 해 보든지."

자신이 내야 할 세금에 불만을 품은 튀김집은 화학법정에 고소장을 제출했다.

기름은 미생물이 쉽게 분해시키지 못하기 때문에 수질을 많이 오염시킵니다.
예를 들어 식용유 100ml를 정화시키기 위해서는
욕조 70개 분량의 물이 필요합니다.

식용유를 정화하는 데는 정말 된장찌개를
정화하는 물의 35배가 필요할까요?
화학법정에서 알아봅시다.

 재판을 시작하겠습니다. 요즘 액체 쓰레기
에 세금을 책정하는 방법이 바뀌었다고 합
니다. 이에 대해 항의하는 사건이 많이 들
어오고 있는데요, 이번 사건도 비슷한 경우군요. 어떻게 된 사
건인지 변론을 들어 보겠습니다. 원고 측 변론하십시오.

 액체 쓰레기를 버릴 때 물을 희석하는 데 들어가는 비용만큼
세금을 내도록 바뀌었다고 하지만, 원고는 옆집 된장찌개 가
게 앞으로 나온 세금 3만 원보다 35배나 많은 105만 원이 나
왔습니다. 된장찌개와 식용유가 뭐가 그리 큰 차이가 납니까?
비슷한 액체끼리 너무 합니다. 튀김 가게가 무슨 대기업도 아
니고 세금 내고 나면 남는 게 하나도 없겠습니다. 불경기에 이
런 식으로 한다면 튀김집은 모두 문을 닫고 우리나라에 튀김
집은 하나도 남지 않을 겁니다. 105만 원이라는 세금을 그리
쉽게 마련할 수 있는 것도 아닐뿐더러 이번 정책을 도무지 공
정하다고 생각할 수 없습니다. 때문에 이렇게 터무니없는 세
금은 낼 수 없습니다.

 튀김 가게에서 내야 하는 세금이 아주 많게 느껴지기는 합니

다. 어떻게 그렇게 세금이 많이 나올 수 있는지 납득할 수 있는 증거를 제시해야겠군요. 환경부에서는 타당한 설명을 해야 할 것입니다. 피고 측 변론하십시오.

 수질 오염은 아주 심각한 문제가 되고 있으며 물 부족 국가가 늘어남에 따라 그 심각성도 점점 커지고 있습니다. 수질 오염의 원인은 무엇이며 세금이 어떻게 청구된 것인지 알아보겠습니다. 수질 오염과 정화에 대해 말씀드리기 위해 증인을 요청합니다. 증인은 환경부의 엄깨끗 소장님입니다.

증인 요청을 받아들이겠습니다.

머리부터 발끝까지 번쩍번쩍 빛날 정도로 깨끗한 복장으로 증인석에 들어선 50대 중반의 남성이 정화된 물을 한 컵 들이켜며 증인석에 앉았다.

 수질 오염이란 무엇입니까?

수질 오염이란 가정에서 쓰고 버리는 생활하수와 공장에서 흘러나오는 산업 폐수, 농촌에서 나오는 농축산 폐수 등이 정화되지 않고 하천이나 호수로 흘러들어 물을 오염시켜 먹을 수 없을 정도로 수질이 나빠지는 것을 말합니다.

 어떤 게 수질을 가장 많이 오염시키죠?

생활하수입니다. 생활하는 사람들이 생활하면서 나오는 여러

가지 오염 물질과 인분으로 인한 오염 물질로 구분할 수 있습니다. 최근 과학공화국에서 배출되는 인분의 양은 1인당 1일 평균 1.2l 정도며 그중 1/10 정도가 단단한 고체 형태입니다. 생활 폐수는 설거지, 목욕, 청소, 세탁 등에 사용한 물로 음식 찌꺼기, 때, 세제, 먼지 등으로 오염된 것인데 하루 평균 1인당 약 400~500l 정도가 된다고 합니다. 또 농촌에서 나오는 오염된 물도 생활하수보다 적은 양이지만 농도는 생활하수보다 높습니다. 도로와 야영지, 낚시터, 유원지, 수상 시설 등에서 나오는 기름, 인분, 음식 찌꺼기, 비닐봉지, 빈 병들을 포함한 각종 쓰레기도 하천이나 호수를 오염시키고 있습니다.

식용유를 정화하는 세금이 된장찌개를 정화하는 세금보다 35배나 많이 나온 이유는 무엇입니까?

생활하수 중에도 특히 수질을 많이 오염시키는 것이 식용유입니다. 기름은 미생물에 의해 쉽게 분해되지 않기 때문에 식용유 한 스푼이 하루 동안 부엌이나 욕실에서 배출하는 생활하수가 오염시키는 것과 같은 정도의 물을 오염시킵니다. 예를 들어 100ml의의 양으로 비교했을 때 쌀뜨물은 욕조 1/5개, 된장국은 욕조 2개, 우유는 욕조 5개, 간장은 욕조 10개, 식용유는 욕조 70개 분량의 물이 필요합니다.

100ml라면 얼마 되지 않는 것 같은데 정화할 때 필요한 양은 어마어마하군요. 수질 오염을 줄이기 위해서는 이미 오염된

물을 정화하고 처리하는 일도 필요하지만 오염원에서 배출되는 오염 물질을 줄이는 일이 가장 중요할 것입니다. 수질 오염이 우리 생활에 미치는 영향은 어떻습니까?

수질 오염의 가장 큰 문제는 오염 물질들이 많아지면 하천이나 호수, 바다의 자정 능력을 마비시킨다는 점입니다. 또 오염된 물을 잘못 마시면 각종 전염병에 걸리거나 피부염을 앓기도 합니다. 따라서 오염 물질의 배출을 되도록 줄이고 이미 배출된 오염 물질은 하천이나 호수로 흘러들기 전에 완벽하게 정화해야 합니다. 수질 오염을 줄이기 위해 낡은 수도관은 교체하고 삭지 않는 구리나 스테인리스와 같은 금속으로 바꾸면 더욱 좋습니다. 또 오염된 물을 정화하는 정수장을 관리하는 전문 인력을 육성해야 하며 하수 처리 시설과 정수장 처리 시설을 더욱 늘려야 합니다.

 말씀 감사합니다. 판사님, 판결 부탁드립니다.

 판결합니다. 식용유를 정화하기 위해서는 된장찌개를 정화하는 데 들어가는 물보다 35배나 많은 물이 필요하다는 사실을 알 수 있었습니다. 따라서 바뀐 법률에 의해 환경부에서 제시한 튀김집의 세금은 올바르게 계산된 것이며, 원고는 고액의 세금이지만 법에 따라 세금을 내야 합니다. 튀김을 만드는 데 사용하고 버리는 기름의 양을 최대한 줄이는 것이 세금을 줄이는 가장 현명한 방법일 것입니다. 환경오염을 최대한 줄이

는 일이 앞으로 우리 지구를 오랫동안 보존하는 최선의 길임을 알고 지구가 더러워지지 않도록 서로 노력해야 할 것입니다. 이상으로 재판을 마치겠습니다.

재판 후 튀김집은 105만 원의 세금을 다 내느라 고생했다. 그 후 튀김집은 버리는 기름을 줄이기 위해 노력했으며, 그다음 달부터는 조금씩 줄어든 세금 고지서를 받게 되었다.

 수질 정화

수질 정화는 사람들이 안심하고 물을 마시거나 사용할 수 있도록 물을 깨끗하게 정화시키는 것을 말한다. 수질 정화는 도시가 커지고 산업이 발달하면서 많이 발생하는 오염으로 인해 20세기에 들어 그 중요성이 매우 커졌다. 세계 최초의 수질 정화 시설은 1829년 영국에서 템스 강 물을 정화하기 위해 설치되었다.

유리가 액체라고요?

유리는 액체일까요? 고체일까요?

나는 유명한 고체 마니아다. 아마 내가 아인슈타인과 같은 시대에 살았더라도 고체에 관해서 만큼은 내가 그보다 더 많이 알고 있다고 자부할 수 있었을 것이다.

고체는 내 인생. 물조차도 얼음으로 마실 정도로 나의 고체 사랑은 유별나다. 물론 여름엔 상관없지만 겨울에 얼음으로 수분을 섭취하는 건 상당한 고역이다. 그렇지만 이 역시도 고체에 관한 내 사랑의 증거이기 때문에 즐겁게 받아들이고 있다.

물론 이처럼 특이한 기호 때문에 친구들에게 엽기적이라는 이야기를 듣고 있지만 내 고체 사랑을 멈출 길은 아무것도 없었다.

며칠 전 친구들과 카페에 들른 나는 굉장한 제의를 받았다. 그날 역시도 음료수나 커피를 시키는 친구들 틈 사이로 얼음 위에 커피와 설탕만 뿌린 냉커피를 주문했고 친구들은 특이한 내 식성을 놀려 대느라 바빴다.

"넌 정말 특이해. 액체는 아예 못 먹는 거야?"

"글쎄, 뭐랄까…… 나의 고체 사랑이 너무 깊어져서 고체가 아닌 걸 섭취하면 속이 불편하고 왠지 먹은 것 같지도 않고 오히려 찝찝한 기분만 남는다고 할까?"

이렇게 시작된 나의 고체 찬가를 친구들에게 읊고 있는데, 옆 테이블에 앉은 낯선 남자가 말을 걸어왔다.

"옆에서 당신의 이야기를 모두 들었습니다. 정말 특이한 사람이군요. 당신의 특이한 식성에 관한 에피소드들을 소설로 엮어 책으로 발간한다면 괜찮은 소설이 나올 것 같군요."

"누구신데……."

"아, 제 소개가 늦었군요. 전 특이문고 출판사 사장입니다. 당신의 이야기에 굉장한 호기심을 느낍니다. 저와 함께 책을 써 보시지 않겠습니까?"

내 유별난 고체 사랑이 드디어 세상에 알려질 기회를 만난 것이다. 혹시라도 있을 나 같은 고체 마니아들을 위한 책을 쓸 수 있고, 행여나 내가 베스트셀러 작가가 된다면…… 그렇게 된다면……

난 상상의 나래를 펼치면서 즐거움을 만끽하고 있었다.

그다음 정말로 출판사 사장과 만나 원고 계약을 했고 나는 집필에 들어가기 시작했다. 어디서부터 써야 할지 이야기를 어떻게 끌고 가야 할지 많은 고민을 했다. 나의 특이한 행동을 분석하고 이를 흥미롭게 풀어 낼 줄거리를 만들어 내면서 점차 원고는 완성되어 갔다.

"사장님, 드디어 원고가 완성되었습니다. 며칠 뒤면 제 책을 받아 볼 수 있겠죠?"

"원고가 생각했던 것 이상이야. 내용도 너무나 훌륭하고, 큰 인기를 기대해도 괜찮겠어."

며칠 뒤, 나는 내 책을 받아 보았고 책들은 서점에 진열되기 시작했다. 내 책은 신간 코너에서 한 달을 지낸 후 주목받는 책 코너로 옮겨 갔고, 두 달이 지날 무렵엔 베스트셀러 코너에 올려졌다.

나의 특이한 고체 사랑은 온라인 오프라인 할 것 없이 독특함을 좋아하는 젊은이들에게 큰 사랑을 받았고, 그들의 큰 사랑은 나에게 큰 부를 안겨 주었다.

"자네 덕분에 우리 출판사가 이렇게 클 수 있었네. 정말 고마워."

"저 역시도 부모님께 큰 선물을 드릴 수 있게 되었습니다. 제가 오히려 더 고맙습니다. 절 발견해 주신 건 사장님이시니까요."

나이에 맞지 않게 큰돈을 벌게 된 나는 제일 먼저 부모님을 위해 좋은 집을 지을 계획을 세웠다.

"집을 새로 지으려고 합니다. 단 조건이 있는데요, 집을 짓는 데 들어가는 모든 재료를 고체로 해 주셔야 해요. 이게 가장 중요한 계약 사항이고, 나머지 부분에 대해서는 건축가의 의견을 따르겠습니다."

"하하하, 집을 짓는 데 고체가 아닌 걸 사용하는 게 더 어려울 것 같은데요? 공사 기간은 약 3개월. 그럼 그때 뵙겠습니다."

3개월이 지난 오늘은 새집으로 들어가는 날이다. 이삿짐을 모두 꾸리고 새집에 도착하여 짐을 내려놓는 순간 난 화가 머리끝까지 났다.

"저기요! 건축가 분, 여기로 좀 오시죠. 아니 여기 보세요! 집을 짓는데 제가 고체만 사용해 달라고 부탁드리지 않았습니까!"

"네, 고체밖에 없지 않습니까?"

"여기 보십시오! 저기 커다란 유리창! 저건 액체입니다. 제가 유일하게 내건 단 한 가지 조건도 지키지 못하시다니 정말 실망스럽습니다. 저는 이 집을 짓는 데 들어간 비용을 지불하지 않겠습니다. 계약을 위반한 건 그쪽이니까요."

"아니 지금 무슨 소리 하시는 겁니까? 혹시 비용이 많이 나올 것 같아서 이러시는 겁니까? 완공되기 전에 공사 중단을 미리 말씀해 주시든지 해야지, 이제 와서 유리가 액체라는 거짓말로 비용을 지불하지 않으시겠다니요!"

나는 결국 나를 돈을 지불하기 싫어서 거짓말이나 늘어놓는 파렴

치한으로 몬 건축가를 화합법정에 고소했다. 도대체 유리창이 액체라는 내 말을 왜 믿지 않는 거지?

유리를 만들어 식힐 때 굳는 속도가 매우 빠르기 때문에 완전히 굳어서
딱딱해져도 유리 분자는 불규칙적으로 배열됩니다.
이처럼 유리는 분자 배열이 규칙적이지 않으므로 고체라고 할 수 없습니다.

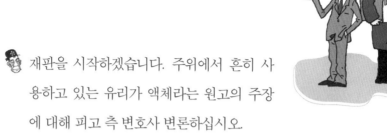

유리창은 액체일까요? 고체일까요?
화학법정에서 알아봅시다.

재판을 시작하겠습니다. 주위에서 흔히 사용하고 있는 유리가 액체라는 원고의 주장에 대해 피고 측 변호사 변론하십시오.

생활 곳곳에서 사용하고 있는 유리는 고체 상태입니다. 유리가 액체라면 고정되어 있지 않고 흘러내려 창문으로 사용할 수 없을 것입니다. 당연히 창문으로 사용할 생각조차 하지 않았을 것이고요. 흘러내리는 액체를 바람을 맞는 창문으로 사용하는 사람이라면 정신 이상자라고 해도 할 말이 없을 것 같군요. 그런데 원고는 유리를 창문으로 사용한 것을 보고 이것이 액체라고 주장합니다. 집을 지을 때 액체를 사용하지 않기로 약속한 것은 사실이지만, 유리가 액체라고 주장하는 원고를 도무지 이해할 수 없습니다. 당장 공사비를 지불할 것을 요구합니다.

일반 사람들은 유리가 단단하게 굳어 있는 고체로 알고 있는 것이 보통인데 유리가 액체라고 주장하는 이유가 무엇입니까? 원고 측은 유리가 액체라는 사실을 입증할 증거를 제시하고 피고 측에서 납득할 수 있는 설명을 해야 할 필요가 있습니다.

원고 측 변론하십시오.

유리가 고체 혹은 액체라고 말씀드리기 전에 고체와 액체를 나누는 기준에 대해 미리 알아야 합니다. 고체와 액체로 구분하는 기준은 무엇인지, 유리는 고체인지 액체인지 등을 말씀해 주실 증인을 모셨습니다. 화학 연구소 액체전문학을 연구하시는 안흘러 박사님을 증인으로 요청합니다.

증인 요청을 받아들이겠습니다.

하얀 실험복을 걸친 50대 중반으로 보이는 남자가 여러 가지 액체를 담은 유리병들을 한 아름 안은 채 조심스럽게 증인석으로 나왔다.

고체와 액체를 나누는 기준은 무엇입니까?

고체와 액체를 나누는 기준은 크게 두 가지가 있습니다. 흔히 알고 있는 기준은 단단하게 굳어 있는 정도로, 손으로 물질을 만져 보았을 때 얼음처럼 딱딱한 물질을 고체, 물과 같이 흐르는 성질이 있는 물질을 액체라고 합니다. 나머지 한 가지 기준은 물질 속 분자 배열의 규칙성입니다.

고체와 액체의 분자 배열은 어떻게 다른가요?

고체는 분자들이 규칙적으로 배열되어 있는데, 이러한 규칙적인 배열을 결정 구조라고 합니다. 반면 액체는 분자들이 불규칙적으로 배열되어 있습니다. 그러므로 분자 배열이 규칙적인 것을 고체, 불규칙적인 것을 액체라고 합니다. 대부분의 물질은 이와 같은 방법으로 쉽게 구별할 수 있지만, 이 방법으로 확실하게 구별할 수 없는 물질도 있습니다.

고체인지 액체인지 구별하기 힘든 물질로는 어떤 것이 있습니까?

고체인지 액체인지 구별하기 힘든 대표적인 물질이 바로 유리입니다. 우리 주변에서 흔히 보는 유리는 만져 보면 딱딱하기 때문에 고체라고 생각하기 쉬우나, 분자 배열이 고체처럼 규칙적이지 않아 고체라고 할 수 없습니다. 유리 분자들은 그물처럼 얽혀 있어 무질서하게 배열되어 있습니다. 이처럼 불규칙한 분자 배열을 가지는 상태를 '유리'라고 하며 이런 상태의 물질은 흐르는 성질이 적은 액체라고 말할 수 있습니다.

유리가 이러한 성질을 갖는 이유는 무엇입니까?

유리를 녹인 상태에서 식힐 때 굳는 속도가 매우 빠르기 때문에 완전히 굳어서 딱딱해져도 액체처럼 분자가 불규칙적으로 배열된 상태를 갖게 됩니다. 유리는 원래 모래를 소다, 석회와 함께 용광로에 넣고 펄펄 끓여서 액체 상태가 되었을 때 갑자기 식혀서 만든 것이기 때문에 겉모양은 고체처럼 굳은 물질이 되지만, 그 속은 액체일 때의 성질을 그대로 간직하게

된 것입니다.

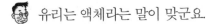 유리는 액체라는 말이 맞군요.

유리는 액체가 맞습니다. 유리나 고무와 같은 물질은 대부분 결정을 만들지 않는 물질이므로, 물리학적으로 고체보다는 오히려 액체에 가까운 것으로 다루고 있습니다. 고체란 분자끼리의 결합이 매우 강해 자유 운동을 할 수 없고, 정해진 위치에 머물며, 액체는 이와 반대로 결합이 느슨해 자유 운동을 할 수 있고 정해진 위치에 머물지 않습니다.

그렇지만 우리가 실생활에서 사용하는 유리는 정해진 위치에 머물고 있지 않습니까? 유리가 액체라면 이해할 수 없는 말이군요.

앞에서도 말했듯이 유리가 흐르는 성질이 극히 적은 액체이기 때문입니다. 예를 들면 단단한 엿은 고체처럼 보이지만, 열을 가하면 액체처럼 흐르는 성질을 갖게 됩니다. 즉 유리도 엿과 같이 열을 가하면 흐르는 액체 상태가 되고, 냉각되면 다시 단단해지는 액체입니다. 아주 끈적끈적한 액체라서 흘러내리는 것을 보려면 몇백 년 정도 놔두어야 합니다. 이러한 이유로 유리를 학술적으로는 '과냉각 액체'라고 부릅니다.

엿보다 훨씬 느리긴 하지만 유리도 흘러내린다는 겁니까? 유리가 흘러내린다는 증거는 있습니까?

실제로 오래된 건물이나 성당의 스테인드글라스의 두께를 측

정해 보면 위쪽보다 아래쪽이 더 두껍습니다. 유리가 오랜 세월 동안 조금씩 서서히 흘러내려서 아래쪽이 더 두꺼워진 것입니다. 아주 긴 시간이 걸리기는 하지만 유리를 이루고 있는 알갱이들이 몇백 년 동안 중력에 의해 아래로 흘러내린 것이죠. 완전한 액체가 아닌 또 다른 물질로는 케첩이 있습니다. 케첩과 비슷한 성질을 띠는 물질에는 마요네즈와 치약 등이 있는데 모두 액체 같기도 하고 고체 같기도 한 물질들입니다. 이런 상태를 '틱소트로피 상태'라고 합니다. 액체와 고체의 중간 상태라고 할 수 있겠지요.

 지금까지 들으신 대로, 유리는 결정 구조가 불규칙함은 물론 흘러내리는 성질이 있어 액체라는 사실이 입증되었군요. 피고는 액체인 유리를 사용했기 때문에 고체 건물을 지어 달라는 의뢰인의 계약 조건을 지키지 못했습니다. 따라서 원고는 피고에게 건축비를 지불할 필요가 없다고 주장하는 바입니다.

 원고의 주장대로 유리가 액체라는 걸 인정해야겠군요. 따라서 피고 측은 공사 비용을 책임져야 합니다. 하지만 유리를 제외한 나머지 건물의 재료는 모두 고체로 지었기 때문에 전액을 지불하지 않는 것은 부당하다고 판단됩니다. 피고는 원고가 고체만을 사용하여 집을 짓길 원하므로 액체인 유리를 고체 재료로 모두 교환하고, 이로 인해 건축이 지연되는 데 대한 보

상을 원고에게 해 주어야 할 것입니다. 이상으로 재판을 마치
겠습니다.

　재판 후, 유리가 액체라는 것을 알게 된 건축가는 큰 충격을 받았
다. 건축가는 자신의 실수를 인정하고 모든 책임을 지기로 했다.

 분자

각 물질의 화학적 성질을 나타내는 최소 단위를 '분자'라고 한다. 분자는 물질을 이루는 가장 작은
알갱이인 원자들이 모여서 이루어진다.

오존으로 물 소독을?

수돗물 소독 방법으로는 염소 소독이 좋을까요? 오존 소독이 좋을까요?

햇빛시·달빛시 통합 시장 선거가 열흘 뒤에 치러지니 주민분
들께서는 시장 후보들을 관심 있게 살펴봐 주시고 햇빛시·달빛
시의 통합을 위해 마음으로 뛸 수 있는 후보에게 투표해 주시기
바랍니다.

깨끗한 선거가 깨끗한 정치를 만듭니다. 돈은 받지도 말고 주지도 말자!

– 햇빛시·달빛시 통합시 선거 관리 위원회 –

햇빛시와 달빛시는 올해 통합되기로 결정이 났다. 하지만 그전까지 항상 경쟁 구도를 유지하던 햇빛시와 달빛시였던 만큼 새로운 시장을 뽑는 데도 보이지 않는 경쟁이 치열했다.

"봄이 엄마, 요번에 시장 누구 뽑을 거야?"

"나야 당연히 햇빛시 출신인 기호 1번이지!"

"어머 그런 식으로 시장 뽑으면 큰일 나, 봄이 엄마! 잘 생각해서 결정해야지."

"그럼 여름이네 엄마는 누구 뽑을 건데?"

"나야 기호 2번이지. 똑똑하고 성실하고 공약도 실행 가능한 걸로만 내걸었더라고. 믿음이 가던데."

"여름이 엄마도 똑같네 뭐. 그 사람 여름이네 엄마가 사는 달빛시 출신이라서 그런 거지?"

"뭐 모르긴 해도 봄이네 엄마는 봄이 엄마가 사는 햇빛시 사람 찍어 줄 테고, 나는 내가 사는 달빛시 사람 찍어 줄 테고, 이건 뭐 당연한 거 아냐? 호호호!"

자기 동네 출신을 밀어 주는 건 유권자들뿐만이 아니었다. 시장 후보들 역시 그런 대결 구조를 빌미로 은근히 상대편 도시를 비꼬는 연설을 하기 시작했고, 이는 어설픈 선거 운동으로 양쪽의 표를 다 잃으니 지역 감정을 이용해 자기 지역의 표라도 확실하게 확보하자는 생각으로 발전하였다.

"안녕하십니까, 기호 1번 여러분의 햇! 빛! 시! 출신의 김잘남입니다."

"반갑습니다. 달빛시 출신의 믿음직한 일꾼 기호 2번 박똑똑입니다."

그중 햇빛시와 달빛시 출신인 기호 1번과 2번의 지지율이 높아지면서 경쟁 구도는 점점 가열되었다.

"아니 솔직히 우리 햇빛시가 달빛시보다 시 운영을 잘해 왔던 것은 부인할 수 없는 사실입니다. 그렇지 않습니까, 여러분!"

"통합 자체가 햇빛시에게는 오히려 역효과였습니다. 여러분이 직접 눈으로 지켜보지 않으셨습니까?"

각자의 연설이 끝난 후 통합시의 가장 유력한 후보인 기호 1번과 2번이 만났다.

"안녕하십니까? 박똑똑 후보, 연설은 항상 잘 듣고 있습니다."

"네, 저도 마찬가지예요. 이래저래 서로에게 배울 점이 많은 것 같습니다."

"오히려 제가 할 말씀을, 하하하!"

"하하하!"

경쟁을 벌이고는 있지만 직접 대면할 때는 서로에게 깍듯하게 예의를 지키는 두 사람이었다.

"김실장, 내 지지율이 얼마지? 아직도 우리 둘이 비슷비슷한가?"

"네, 그렇습니다. 선거가 종반으로 치닫고 있는데 뭔가 강수를 내놓아서 지지율을 안정시켜야 할 것 같습니다."

"내 생각도 마찬가지야. 일단은 통합 전 햇빛시 운영 자료 좀 가져와 보게. 뭔가 허점이 있을 거야."

이렇게 생각하는 건 기호 2번도 마찬가지였다.

"달빛시 운영에 분명 뭔가가 있을 테니 좀 알아보도록!"

드디어 선거를 3일 앞둔 시점에서 전체 후보의 마지막 TV 토론이 이루어졌다.

"자, 그럼 통합시 시장 후보들의 토론회를 시작하겠습니다. 네, 그럼 먼저 기호 1번 김잘남 후보의 말씀이 이어지겠습니다."

"네, 햇빛시 출신 김잘남입니다. 제가 오늘 여기서 중대한 발표를 하나 해야겠습니다. 제가 선거 운동 초반에 연설을 준비하면서 햇빛시와 달빛시의 이전 시정 운영에 관한 여러 가지 자료를 찾아보았습니다. 그러다 이 사실을 알게 되면서 저는 이것을 말해야 하나 말하지 말아야 하나 깊은 고민에 빠졌고 결국 선거를 며칠 앞둔 지금에서야 여러분께 말씀드리려고 합니다."

"아…… 아니 이건 좀 예상치 못했던 발언인데요. 그럼 일단은 김잘남 후보의 말씀을 들어 보겠습니다. 그럼 말씀 계속하시지요."

"네. 다름이 아니라 햇빛시는 그동안 가정에 공급되는 수돗물을 소독하기 위해 염소 대신 오존을 사용했습니다. 하지만 이에 반해 달빛시는 소독을 위해 염소를 사용해 온 것입니다. 여러분, 이 사실을 아십니까? 염소는 폐암을 일으키는 발암 물질입니다. 이러한 방식으로 시를 운영한 달빛시 출신 사람이 통합이라는 명목 아래 햇빛시까지 망치려 들고 있습니다."

"아닙니다."

"네, 달빛시 출신의 박똑똑 후보께서 마이크를 드셨습니다."

"제가 말씀드리겠습니다. 오히려 가정에 위험한 수돗물을 공급한 건 저희가 아니라 햇빛시입니다. 햇빛시가 주장하는 오존은 소독 효과가 전혀 없습니다. 오히려 소독도 되지 않은 위험한 수돗물을 가정에 공급한 건 햇빛시입니다."

"아니, 이 사람이!"

순식간에 토론회장은 난장판으로 변했고 이를 보고 있던 햇빛시와 달빛시 시민들 역시 당황하기는 마찬가지였다. 결국 TV 토론회는 두 후보의 싸움으로 중단되었고, 자신들의 주장이 옳다는 걸 증명하기 위해 서로를 화학법정에 고소하는 사태로 이어졌다.

염소 소독은 소독 효과가 오래 지속되고 수도관이 잘 녹슬지 않아 유지비가 적게 듭니다. 오존 소독 또한 인체에 해로운 물질을 만들지 않고 소독 효과가 강하며 물에서 약품 냄새가 나지 않는다는 장점이 있습니다.

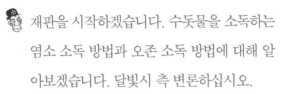

수돗물을 소독하는 방법인 염소 소독과 오존 소독은 각각 어떤 효과가 있을까요? 화학법정에서 알아봅시다.

재판을 시작하겠습니다. 수돗물을 소독하는 염소 소독 방법과 오존 소독 방법에 대해 알 아보겠습니다. 달빛시 측 변론하십시오.

햇빛시의 오존 소독법은 수돗물을 소독할 때 별다른 효과가 없습니다. 효과 없는 소독법으로 소독을 하는 것은 소독을 하지 않은 수돗물을 그대로 내보내는 것과 별반 다르지 않습니다.

오존 소독법이 수돗물을 소독하는 효과가 없다는 건가요? 만약 그렇다면 국민의 건강을 책임지는 수돗물의 상태가 심각하다는 얘기인데요, 특별한 증거라도 있습니까?

오존이라면 산소 3개를 묶은 것을 말하지 않습니까? 그런데 산소 3개가 모여서 큰 효과를 낸다는 게 참으로 이상하군요. 산소는 별다른 소독 역할을 하지 않습니다.

산소가 소독 역할을 하는지 하지 않는지는 어떻게 안 것입니까? 그리고 산소가 아니고 오존입니다.

산소 원자의 숫자만 다를 뿐 같은 것 아닌가요? 하하하!

오존이 수돗물을 소독하는 역할을 하는지 하지 않는지는 더

지켜봐야겠습니다. 염소 소독과 오존 소독에 대해 좀 더 구체적인 변론을 해 줄 수 있으면 좋겠군요. 햇빛시 측의 변론을 들어 보겠습니다.

수돗물을 소독하는 방법인 염소 소독과 오존 소독 모두 장단점이 있는 것으로 판단됩니다.

어떤 장단점이 있습니까?

염소 소독과 오존 소독이 어떤 소독법인지, 또 어떤 장단점이 있는지 알아보기 위해 수도 개발 연구소의 양안심 소장님을 증인으로 요청합니다.

증인 요청을 받아들이겠습니다.

캐주얼 차림을 한 40대 후반의 남성이 튼튼한 몸을 자랑이라도 하듯 물이 가득 담긴 물통을 등에 메고 증인석으로 나왔다.

수돗물이 가정에 도착하기까지 여러 과정을 거치기 때문에 소독하는 과정은 아주 중요하다고 합니다. 수돗물을 소독한다는 것은 정확히 어떤 역할을 뜻합니까?

물을 소독하는 과정에서는 여러 가지 부유 물질과 나쁜 물질을 골라내고 콜레라, 장티푸스, 이질 등 수인성 질병을 일으키는 세균성 미생물도 함께 제거합니다.

수돗물을 소독하는 방법에는 어떤 것이 있습니까?

수돗물을 소독하는 방법에는 염소 소독법, 오존 소독법, 자외선 처리 방법 등이 있습니다. 그중에 가장 많이 사용하는 것이 염소 소독과 오존 소독입니다.

염소 소독은 어떤 소독법입니까?

수돗물을 살균, 소독하기 위해 사용하는 가장 일반적인 물질은 염소입니다. 염소를 물에 녹이면 산화력이 강한 하이포아염소산이 생성되는데, 이 하이포아염소산은 불안정하므로 쉽게 분해되어 발생기 산소를 생성합니다. 이 발생기 산소는 산화력이 강하여 미생물의 세포막을 쉽게 침투해 미생물을 죽이는 강력한 살균 작용을 합니다.

오존 소독은 어떤 소독법입니까?

유럽을 비롯한 일부 지역에서는 염소 소독법 대신 오존을 이용하는 소독법을 사용하고 있습니다. 우리나라의 부산광역시나 대구광역시의 상수도 사업 본부에서도 오존 소독을 하고 있습니다.

두 가지 소독법의 장단점은 무엇입니까?

먼저 염소 소독법은 소독한 수돗물이 수도관을 지나갈 때 수도관이 녹슬지 않도록 하기 때문에 수도관을 거의 교체할 필요가 없어서 유지비가 적게 든다는 장점이 있습니다. 그렇지만 염소 소독을 할 때 물속에 메탄과 같은 오염 물질이 녹아있

으면 트리할로메탄과 같은 발암 물질이 발생한다는 단점도 있습니다.

 트리할로메탄이란 무엇입니까?

 탄소 원자 1개에 수소 원자 4개가 결합되어 있는 메탄 분자에서 수소 원자 3개가 염소나 브롬으로 바뀐 분자로 트리는 3, 할로는 염소, 브롬 원소라는 뜻입니다. 트리할로메탄은 염소와 물속의 먼지, 유기물이나 브롬 등이 결합하여 만들어진 것입니다. 유기물이 많은 물, 즉 오염된 물일수록 트리할로메탄이 많이 생성되며 온도가 높을수록 많이 생성되므로 특히 여름에 그 농도가 높아집니다. 하지만 현재 수돗물에 포함된 염소는 먹어도 인체에 해가 되지 않을 만큼의 적은 양입니다. 그리고 가정까지 오는 도중에 대부분 정수되어 오염 물질은 하늘로 날아가 버립니다. 정수장에서 남아 있는 염소의 양을 자주 파악하여 염소 농도가 적정 수치 이하인 물만 내보내고 있으므로 염소에 대한 문제는 크게 우려하지 않으셔도 됩니다.

 오존 소독법의 장단점은 무엇입니까?

 오존 소독법은 인체에 해로운 물질을 만들지 않고 적은 양으로도 소독 효과가 충분하며 염소로는 살균할 수 없는 병원균도 죽일 수 있다는 장점이 있습니다. 따라서 환경에도 좋고 물에서 약품 냄새가 나지도 않아 주목받고 있는 소독 방법입니다. 하지만 염소 소독과는 달리 수도관에 녹이 생기는 경우가 있어 수도관을 자주 갈아 줘야 하고, 비용이 많이 든다는 단점이 있습니다. 또 염소는 물에 남아 소독 효과가 지속되는 반면, 오존은 물에 녹아 서서히 분해되므로 물이 가정에 도달할 때까지 소독 효과가 지속되지 않는다는 단점이 있습니다.

 염소 소독법이나 오존 소독법의 장단점을 살려 적절하게 이용한다면 수돗물을 깨끗하고 안전하게 소독할 수 있겠군요. 달빛시 측에서 말한 것처럼 오존 소독법이 수돗물을 소독하는 효과가 없다는 주장은 인정할 수 없습니다. 오히려 소독에 효과적이라고 볼 수 있지요. 소독을 어떻게 하느냐도 중요하지만 상수원을 보호하고 상수원의 수질을 저하시킬 수 있는 원인들을 제거하며 오래된 수도관이나 물 저장 탱크를 교체하는 등 깨끗이 청소하는 것이 더욱 중요합니다. 상수원이 오염되거나 생활하수나 공장 폐수의 무단 방류로 상수원의 원천이 되는 물의 수질이 오염되면 그만큼 수돗물을 정화하기 위해서 더 많은 소독약을 살포해야 하므로 수돗물에 포함되는 소독약이 늘어날 수밖에 없습니다.

수질이 오염되지 않도록 최대한 노력하고 소독법의 장단점을 살려 수돗물을 최대한 깨끗하게 사용해야겠습니다. 염소 소독법과 오존 소독법에 대해 잘 알게 되었으니 앞으로 각 시의 특성에 맞게 소독법을 선택하도록 하십시오. 이상으로 재판을 마치겠습니다.

　재판이 끝난 후, 두 소독법 모두 소독 효과가 있다는 것을 알게
된 두 사람은 서로의 잘못을 사과하고 반성했다. 결국 자신이 당선
되기 위해 잘 알지도 못하는 사실을 말한 것을 반성하게 된 두 사람
은 후보를 포기하고 선거에 누가 당선되든 그 사람을 돕겠다고 말
했다.

 오존

　오존은 산소 원자 3개로 된 푸른빛의 기체로 특이한 냄새를 풍긴다. 물에는 녹지 않으나 사염화탄소
에는 잘 녹고 상온에서는 자연히 분해되어 산소가 된다. 산화력이 강해 주로 표백제, 살균제로 많이
쓰인다.

물이 감전 원인?

증류수도 전기가 통할까요?

강부지런 씨는 작년에 퇴직을 하고 집 근처에 있는 대기업 화학연구소의 환경관리부에 재취업하여 연구소 관리 업무를 맡게 되었다.

"안녕하세요. 내일부터 출근하게 될 강부지런입니다."

"네, 안녕하세요. 잘 부탁드립니다."

첫출근을 하게 될 강부지런 씨는 회사에서 해야 할 일과 화학연구소의 특성상 주의해야 할 사항들에 대한 이야기를 들었다.

"자, 그럼 내일부터 본격적으로 일을 하시게 될 겁니다. 오늘 말씀드린 것들은 너무나도 중요한 사항들이고, 특히나 연구소에는 위험한 물건들이 많아 일하면서 실수하시면 큰 사고로 번질 수 있으니 각별한 주의 부탁드립니다. 그럼 전 이만."

상사에게서 주의 사항을 전해 들은 강부지런 씨는 평소 접하지 못했던 약품들의 이름과 다양한 실험 기구들을 보고 있자니 행여나 자기가 실수하지 않을까 하는 걱정이 앞섰다.

'내일부터 본격적으로 일을 시작해야 하니 오늘은 좀 남아서 아까 들은 주의 사항을 다시 한번 상기해 보고 실험실을 둘러보면서 눈에 익혀 두는 게 좋겠어.'

강부지런 씨는 여러 실험실을 하나하나 꼼꼼히 둘러보며 자신이 일할 곳을 눈에 익혔다. 그러다 증류수를 제조하는 연구실을 둘러보던 강부지런 씨는 천장의 전구가 깜빡거리는 것을 발견했다.

"아니, 이래서야 연구원들이 연구를 제대로 하겠어? 내 눈에 띄었으니 내가 처리해야겠군."

강부지런 씨는 전구를 교체하기 위해 아래층의 관리실로 내려가 여분의 형광등을 가져왔다. 하지만 연구실 천장이 높아서 손에 닿지 않자 의자를 가져다 형광등을 갈기 시작했다.

"휴, 이제야 불이 아주 환하군."

하지만 불을 끄지 않은 채 전구를 갈던 강부지런 씨는 새 형광등의 밝은 빛에 눈이 부셔 중심을 잃고 옆으로 쓰러졌다. 그 찰나 실험실 책상 위에 놓인 물통이 엎어지면서 실험실 바닥으로 물이 흘렀고 강부지런 씨의 온몸을 적셨다.

"아아악~."

의자의 중심을 잃고 바닥으로 떨어진 강부지런 씨는 순간 전기가 온몸에 흐르는 느낌을 받았고, 떨어지면서 자신에게 쏟아진 물 때문에 감전 사고를 당했다고 생각했다.

"아이고 허리야, 겉이 다 벗겨진 전선이 나뒹굴고 있다니……."

강부지런 씨가 고개를 돌린 곳엔 전선의 표면이 다 벗겨진 채 콘센트에 꽂힌 전선이 있었다. 이 때문에 강부지런 씨는 자신의 사고를 감전 사고라고 확신했고 다음 날 회사를 상대로 배상을 요구했다.

"제가 어제 한 연구실의 전구를 새것으로 교체하다가 바닥으로 떨어지는 바람에 감전 사고를 당했습니다."

"네? 정말 큰일 날 뻔하셨습니다. 일단 사고 정황을 알아야 보험 처리를 해 드릴 수 있으니 자세한 이야기를 해 주시기 바랍니다."

"제가 증류수 제조 실험실의 전구를 갈기 위해 의자 위로 올라갔는데 중심을 잃고 쓰러지면서 실험실 책상에 있던 흰 물통을 엎었습니다. 그 순간 물이 바닥으로 흘렀고 물이 흘러간 곳에는 표면이 다 벗겨진 전선이 있었습니다. 제가 그 위로 떨어지면서 감전 사고를 당하게 된 겁니다."

"네…… 감전 사고라…… 네? 증류수 제조 실험실이라고요? 혹시 강부지런 씨가 엎었다는 통이 혹시 하얀색에 회사 마크가 찍힌 통 아닙니까?"

"네, 맞아요. 굉장히 큰 통이었습니다."

"아, 그렇다면 강부지런 씨의 사고는 감전 사고가 아닙니다."

"네?"

"강부지런 씨가 엎은 물은 물이 아니라 증류수입니다. 증류수는 전기가 흐르지 않습니다."

"저는 분명 연구소에서 감전되었습니다. 괜히 책임을 회피하시려고 다친 사람을 상대로 거짓말하시는 거 아닙니까!"

"저희도 배상을 해 드리고 싶지만 증류수는 순수한 물이기 때문에 전기가 통하지 않습니다. 다시 말해, 증류수를 통해서 강부지런 씨가 감전 사고를 당할 수 없다는 말입니다. 솔직히 첫날 출근 하시자마자 연구소에 홀로 남아 여기저기 실험실을 돌아다녔다고 하시는 게 전 납득이 안 갑니다. 혹시 산업 스파이가 아니냐고 의심하는 직원들도 있습니다."

"이렇게 큰 회사에서 보상을 해 주기 싫어 그런 말도 안 되는 거짓말로 사람을 속이려 하다니, 이젠 그것도 모자라 나를 산업 스파이로 몰려고 해? 열심히 해 보겠다는 사람의 성의를 이런 식으로 짓밟나요? 회사와 당신들 모두를 고소하겠어!"

자신에게 보상을 해 주기 싫어 거짓말을 하고 있다고 생각한 강부지런 씨는 결국 회사를 상대로 고소장을 제출하였다.

우리가 일반적으로 사용하는 물에 전기가 통하는 것은, 물속에 전기를
통하게 하는 이온들이 들어 있기 때문입니다. 따라서 불순물이 들어 있지 않은
순수한 물인 증류수는 전기가 통하지 않습니다.

여기는 **화학법정**

증류수는 전기가 통하지 않을까요?
화학법정에서 알아봅시다.

 재판을 시작하겠습니다. 원고는 자신이 감전
사고를 당했다고 주장합니다. 감전 사고는
어떻게 일어나며 원고가 정말 감전 사고를
당했는지 분석해 보아야겠습니다. 원고가 사고를 당할 당시의
상황을 먼저 들어 봐야겠군요. 원고 측 변호사 변론하십시오.

 원고는 내일부터 화학연구소의 환경 관리부에서 일하기로 되
어 있었습니다. 내일부터 일하기로 한 직장을 미리 답사하기
위해 이곳저곳을 돌아보던 중 연구실의 전구가 깜박거리는 것
을 발견했고 의자 위로 올라가 전구를 갈았습니다. 원고는 전
구를 갈던 중 중심을 잃어 넘어졌고 넘어지면서 물통을 넘어
뜨렸습니다. 물통의 물이 바닥에 쏟아졌고 피복이 벗겨진 전
선이 물에 닿아 있었습니다. 그런데 회사 측에서는 원고가 감
전 사고를 당한 것이 아니라고 주장하고 있습니다. 자칫하면
생명을 잃을 뻔했던 원고를 걱정하고 위로하기는커녕 보상을
해 주기 싫어서 감전 사고가 아니라고 우기고 있습니다. 아무
리 그래도 직장에서 일할 사람에게 보상을 해주지 못하겠다는
것은 회사의 얼굴에 먹칠을 하는 것이 아니고 무엇입니까? 원

고가 아닌 다른 직원들도 회사에 몸담고 일할 의욕이 상실될 수밖에 없지 않겠습니까?

원고가 감전 사고를 당한 것이 확실하다면 어떻게 무사히 살아날 수 있었습니까? 큰 통의 물이 엎질러져 감전의 정도가 꽤 컸을 것으로 짐작되는데, 원고는 많이 다친 것 같지 않군요.

꼭 원고가 많이 다쳐야 합니까? 그나마 얼마 다치지 않고 무사한 것이 다행이지요.

화치 변호사는 안정을 찾으십시오. 변호사까지 감정적으로 나오면 어떻게 합니까? 원고가 무사한 것은 다행입니다. 물이 많은 곳에서 감전 사고를 당한 사람이 무사한 게 신기해서 드리는 말씀입니다. 게다가 피고인 회사 측에서는 원고가 감전 사고를 당한 것이 아니라고 하니 물어보는 것입니다. 원고의 사고를 감전 사고가 아니라 단순한 타박상 정도로 보고 있는 이유가 무엇인지 피고 측의 변론을 들어 보겠습니다.

원고가 회사를 둘러보며 두리번거린 것에 대해 스파이라고 말한 것은 회사 측의 실수로 인정하겠습니다. 원고가 입사할 회사에 빨리 적응하고 미리 업무를 익히기 위해 둘러보던 중 이상이 있는 전구를 갈려고 한 것도 회사를 사랑하는 마음이 깊어서 그런 것이라고 판단됩니다. 회사를 위해 힘

쓰고 노력하는 직원을 아끼고 사랑하는 것은 당연합니다. 그리고 직원이 일하던 중 사고를 당했으면 보험 처리뿐 아니라 직원을 위한 다른 도움이 되는 조치도 취해야지요. 물론 원고가 다친 곳이 있다면 치료를 위한 모든 것을 제공할 의무가 있습니다. 그렇지만 원고는 감전사고를 당하지 않은 게 분명합니다.

원고는 전구를 갈던 중 물통을 엎질렀고 엎질러진 물에는 피복이 벗겨진 전선이 있었다고 합니다. 당연히 전선에는 전기가 흐르고 있었고요. 그런데 어떻게 감전 사고를 당하지 않을 수 있었을까요?

원고가 넘어뜨린 물통은 하얀색 회사 마크가 찍힌 통으로 안에 들어 있는 것은 우리가 흔히 말하는 물이 아닙니다.

물이 아니라면 무엇이란 말입니까?

우리가 알고 있는 물은 전기가 통합니다. 우리가 일반적으로 사용하는 물은 순수한 물이 아니어서 그 속에는 여러 가지 불순물이 섞여 있는데, 여기서 불순물이란 물 이외의 것을 뜻합니다. 즉 전기를 통하게 하는 성분들이 들어 있기 때문에 전기가 통해서 전선이 닿으면 감전 사고가 일어나는 것입니다. 그런데 하얀 통에는 불순물이 완전히 제거된 순수한 물이 들어 있었습니다. 불순물이 들어 있지 않은 순수한 물은 전기가 통하지 못하겠지요. 따라서 순수한 물인 증류수에 닿은 원고는 감전 사고를 당할 수 없습니다.

 순수한 물은 왜 전기가 통하지 않습니까?

 전기가 통하기 위해서는 전기를 전달해 주는 어떤 것이 필요합니다. 그것이 바로 전해질이지요.

 전해질이 뭐죠?

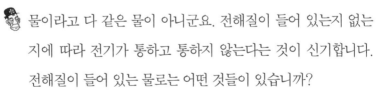 설탕은 물에 잘 녹는 물질입니다. 설탕을 물에 넣으면 중성 상태의 분자 하나하나가 떨어져 나와 수용액 속을 돌아다니는데, 소금은 약간 다른 모습을 보입니다. 소금 역시 물에 잘 녹는 물질이며 입자들이 수용액 속에 고루 퍼지는데, 이때 소금은 양의 전기를 띤 나트륨 이온과 음의 전기를 띤 염소 이온으로 분리됩니다. 이것은 '이온화'라고 하지요. 이렇게 전기를 띤 이온들이 물속에 녹아 있는 것이 바로 '전해질'입니다. 물에 녹아 중성의 분자 상태로 존재하는 설탕은 전해질이 아니지만 소금처럼 물에 녹였을 때 이온 상태로 존재하는 물질은 전해질이지요. 이렇게 전해질이 물속에 있으면 전기가 통하게 됩니다.

 물이라고 다 같은 물이 아니군요. 전해질이 들어 있는지 없는지에 따라 전기가 통하고 통하지 않는다는 것이 신기합니다. 전해질이 들어 있는 물로는 어떤 것들이 있습니까?

 실생활에서 순수한 물은 접하기는 어렵습니다. 일반적으로 대부분의 물은 순수한 것처럼 보이지만 실제로는 꽤 많은 불

순물이 녹아 있습니다. 미네랄워터 등의 물에는 여러 가지 물질이 섞인 경우가 다반사이고, 빗물조차도 산성비여서 전해질 역할을 합니다. 그렇기 때문에 전기가 아주 잘 통하지는 않지만 꽤 흐르는 편이죠. 물에 소금을 넣으면 소금이 이온화되어 전기가 통하게 됩니다. 다행히 원고가 엎지른 물은 순수한 물인 증류수이므로 이온이 들어 있지 않습니다. 따라서 전기가 통하지 않았기 때문에 감전 사고를 피할 수 있었습니다. 만약 원고가 감전 사고를 당했다면 지금처럼 건강한 상태로 있지 못하고 입원실에서 법정을 열어야 했을지도 모릅니다.

용액에 전기가 통하려면 전해질이어야 하는데 순수한 물에는 이온이 들어 있지 않으므로 전해질이 될 수 없습니다. 따라서 증류수를 엎지른 원고는 감전 사고를 당하지 않고 단순한 타박상으로 큰 사고를 면할 수 있었습니다. 원고는 후유증이 남지 않도록 병원 치료를 받도록 하고 치료비는 회사 측에서 부담해야 할 것입니다. 이상으로 재판을 마치겠습니다.

재판이 끝난 후, 강부지런 씨는 증류수 때문에 감전 사고를 당했다고 우겼던 것에 대해 회사에 사과했다. 회사 측에서도 산업 스파이라며 오해했던 것에 대해 사과하고, 강부지런 씨의 치료비를 부

담했다. 치료를 다 받은 강부지런 씨는 회사에서 맡은 일을 열심히
했고, 특히 전구를 교환하는 일에는 더 열심이었다.

 감전

감전은 인체에 전류가 흘러 상처를 입거나 충격을 느끼는 일이다. 인체에 가해지는 충격의 크기는
전압의 크기보다 전류의 세기에 의해 결정된다. 땀에 젖어 있는 상태에서 감전되면 땀에 있는 이온
때문에 전류가 강하게 흘러 목숨을 잃을 수도 있다.

비금속은 액체가 될 수 없나요?

비금속인 브롬은 왜 액체 상태로 존재할까요?

"딩동댕동~ 〈전국 퀴즈 자랑〉~~."

"전국의 시청자 여러분 안녕하십니까. 오늘도 전국 각지의 퀴즈 달인을 찾아 전국을 헤매고 또 헤매고, 그것도 부족해 뒤집고 다니는 쏭해입니다. 자, 그럼 오늘도 퀴즈의 달인을 찾아 출발합니다! 첫 번째 퀴즈는 OX 퀴즈로 출발합니다. 그럼 자신 있는 분야를 골라 주십시오."

"저는 과학! 과학을 선택하겠습니다."

"그럼 문제 나갑니다."

"비금속은 상온에서 고체나 기체 상태이다."

"삐~."

"네 1번 최고남 씨! 정답은?"

"O입니다!"

"그럼 문제의 답을 명쾌하게 설명해 주실 월간 〈과학이 좋아〉의 김뉴턴 과학 전문 기자의 말씀을 들어 보시겠습니다."

"네. 모든 비금속은 상온에서 고체나 기체 상태입니다."

"최고남 씨, 정답입니다. 첫 문제부터 기선 제압에 성공하셨습니다. 자, 그럼 다음 문제."

하지만 텔레비전으로 이 상황을 예의 주시하고 있는 사람이 있었으니, 그는 〈과학이 좋아〉의 라이벌 잡지사인 〈과학이 좋다〉의 김슈타인 기자였다. 김슈타인 기자는 입사 이후 줄곧 〈과학이 좋다〉와 판매 부수로 비교당했고, 호시탐탐 〈과학이 좋아〉의 약점을 찾기 위해 촉각을 곤두세우고 있었다.

"하하, 걸려들었군!"

"네, 편집장님, 저 김슈타인입니다. 지금 〈과학이 좋아〉 김뉴턴 기자가 〈전국 퀴즈 자랑〉에 나온 거 보셨습니까?"

"못 봤네. 무슨 일인가?"

"하하, 글쎄 과학 전문 기자라는 자가 방송에 나와 세상의 모든 비금속은 상온에서 고체와 기체 오직 두 가지 상태로 존재한다고 말하지 않습니까?"

"아니, 그거 맞는 말 아닌가?"

"편집장님도 참…… 뵙고 말씀드리겠습니다."

김슈타인 기자는 김뉴턴 기자의 실수를 빌미로 방송국 홈페이지에 '국민들에게 지식을 전달하는 방송에서 저런 오류를 범할 수 있느냐'는 항의의 글을 올렸다. 그리고 이 글이 네티즌들의 눈에 띄기 시작하면서 확인도 하지 않고 전파에 내보내는 무책임한 방송이라는 오명과 함께 방송국 전체가 네티즌들의 몰매를 맞게 되었다.

이 일로 인해 〈과학이 좋아〉의 판매 부수는 눈에 띄게 줄어들기 시작했고 월간 〈과학이 좋아〉의 홈페이지에도 김뉴턴 기자의 무지를 비난하는 글이 이어졌다. 화가 머리끝까지 난 김뉴턴 기자는 김슈타인 기자를 찾아갔다.

"당신 도대체 무슨 짓을 한 거야? 모든 비금속이 상온에서 고체나 기체 상태라는 건 국민 모두가 아는 사실이야. 어디서 유언비어로 우리 잡지와 나를 모함하려고 들어! 당신의 멍청한 발언 때문에 우리가 입은 손해가 얼마인 줄이나 알아? 당신, 우리가 입은 피해를 어떻게 보상할 거야!"

"쯧쯧쯧. 그런 지식을 가지고 과학 전문 기자라는 이름으로 글을 쓰고 있다니 당신도 참 한심하군. 정말 무식한 건 당신이야!"

"그럼 증거를 대 봐! 내 주장이 틀렸다는 증거 말이야!"

"원한다면 그렇게 해 주지. 브롬! 브롬이 자네가 틀렸다는 증거야!"

각자 과학 잡지의 자존심을 건 두 사람의 언쟁은 결국 화학법정으로 이어졌다.

모든 비금속이 고체나 기체 상태만으로 존재하는 것은 아닙니다.
상온에서 플루오르와 염소는 기체, 요오드는 고체 상태로 존재하지만
브롬은 액체 상태로 존재합니다.

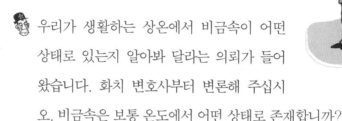

모든 비금속은 상온에서 고체와 기체상태만
으로 존재할까요?
화학법정에서 알아봅시다.

🧑 우리가 생활하는 상온에서 비금속이 어떤
상태로 있는지 알아봐 달라는 의뢰가 들어
왔습니다. 화치 변호사부터 변론해 주십시
오. 비금속은 보통 온도에서 어떤 상태로 존재합니까?

🧑 보통 온도에서 고체와 기체 상태로 존재하는 것은 비금속의
특성입니다. 김슈타인 기자는 누구나 알고 있는 이러한 사실
을 틀렸다고 주장하고 있는 겁니다. 김슈타인 기자는 인터넷
에 올린 엉터리 글을 당장 삭제하여 주십시오. 김슈타인 기자
의 말도 안 되는 억지 때문에 김뉴턴 기자는 기자라는 직업을
유지하기도 힘들 지경입니다. 자신이 성공하지 못한다고 다른
사람의 앞길을 짓밟으면 안 됩니다.

🧑 화치 변호사는 지나친 비약을 삼가십시오. 김뉴턴 측 주장은
비금속이 액체 상태로 존재할 수 없다는 거군요. 그런데 김슈
타인 기자는 브롬이 보통 온도에서 액체 상태로 존재한다고
주장하고 있는데, 브롬도 액체 상태로 존재하지 않는다는 건
가요?

🧑 브롬이 액체 상태로 존재한다면 더 이상 비금속이 될 수 없습

니다. 브롬이 어떤 상태로 존재하는지 조사하지는 않았지만 브롬도 비금속에 속하므로 당연히 고체나 기체 상태일 것입니다.

비금속이 액체로는 절대로 존재할 수 없다고 보는군요. 브롬을 비롯한 비금속이 상온에서 고체나 기체 상태만으로 존재하고 액체 상태로는 존재할 수 없는지 김슈타인 측의 변론을 들어 보겠습니다.

고체나 기체 상태로 존재하는 것은 비금속의 특징이기는 하지만, 대부분 그렇다는 의미이지 그것이 모든 비금속이 고체와 기체 상태만으로 존재해야 한다는 절대 법칙은 아닙니다.

비금속이면서 액체 상태로 존재하는 것이 있습니까?

화치 변호사는 제대로 조사도 하지 않고 브롬이 무조건 고체나 기체일 것이라고 단정하고 있습니다.

보통 온도에서 브롬이 액체로 존재한다는 김슈타인 씨의 주장이 옳습니까?

그렇습니다. 보통 온도란 가열하거나 냉각하지 않은 자연 그대로의 기온으로, 과학적인 용어로는 '상온'이라고 하고 보통 15℃를 가리킵니다. 비금속의 성질을 강하게 나타내는 것으로는 할로겐 원소들이 있으며 브롬은 할로겐 원소에 속합니다.

할로겐 원소란 어떤 원소입니까?

할로겐 원소란 무엇이며 브롬이 액체 상태로 존재하는 이유를 설명해 주실 증인을 요청하겠습니다. 증인은 할로겐 원소 연구 단지의 장원소 소장님이십니다.

 증인 요청을 받아들이겠습니다.

50대 초반으로 보이는 남자가 유리병이 여러 개 들어 있
는 큰 가방을 들고 끙끙거리며 법정에 들어섰다.

 대표적인 비금속으로는 어떤 원소들이 있습니까?

 비금속의 성질을 가장 잘 나타내는 원소는 할로겐 원소입니다.

 할로겐이란 어떤 의미입니까?

원소가 다른 원소와 만나서 얼마나 반응을 잘하는지를 반응성의 크기로 표현합니다. 염소를 비롯하여 플루오르, 브롬, 요오드 등은 반응성이 커서 대부분의 금속과 반응하여 소금과 비슷한 염을 만듭니다. 이와 같은 성질 때문에 플루오르, 염소, 브롬, 요오드를 '염을 만든다'는 의미의 그리스어인 할로겐이라고 부릅니다. 할로겐 원소들은 대부분 비슷한 특징을 가지고 있습니다.

할로겐 원소들은 어떤 특징이 있습니까?

할로겐 원소들은 상온에서 두 개의 원자가 결합하여 분자를 만듭니다. 다른 물질에게서 전자를 빼앗는 성질을 산화력이라고 하는데, 할로겐 분자들은 다른 원자에게서 전자 한 개를 받

아 음이온이 되려는 성질이 강하므로 모두 산화력이 강한 물질입니다. 또 할로겐은 비금속인 수소와 직접 반응하여 할로겐화수소를 만드는데 할로겐화수소는 모두 상온에서 기체로 존재하며 물에 녹아 산성을 나타냅니다.

용액 속에 할로겐 원소가 들었는지, 들었다면 어떤 할로겐 원소가 들었는지 어떻게 알 수 있습니까?

할로겐 이온을 검출하는 방법이 있습니다. 플루오르화은을 제외한 할로겐화은은 물에 녹지 않아 앙금이 생기므로 용액 속에 들어 있는 할로겐 이온들은 은 이온과의 앙금 반응으로 찾아낼 수 있습니다. 이때 만들어지는 앙금 중 염화은은 흰색, 브롬화은은 연한 노란색, 요오드화은은 노란색입니다.

할로겐 원소들은 상온에서 어떤 상태로 존재합니까?

플루오르는 담황색 기체, 염소는 황록색 기체, 녹는점은 상온보다 낮고 끓는점은 상온보다 높은 브롬은 적갈색 액체, 녹는점이 상온보다 높은 요오드는 흑자색 고체 상태로 존재합니다.

할로겐 원소들은 각각 어떤 성질들이 있으며 우리 주위 어디에서 볼 수 있습니까?

플루오르는 자극성 있는 냄새 나는 기체로서 충치를 예방하는 성질이 있어 플루오르화나트륨의 형태로 치약이나 치아세정제 등에 사용됩니다. 염소는 자극성이 있고 유독한 기체로 물에 녹았을 때 일부가 물과 반응하여 하이포아염소산을 발생시키는데, 하이포아염소산은 산화력이 강하여 살균, 표백 작용을 하므로 염소는 수돗물이나 수영장의 소독약으로 사용합니다. 브롬은 자극성 있는 유독한 증기를 발생시키며 빛을 쪼이면 분해되어 은이 석출되므로 사진 필름으로 사용합니다. 브롬화은을 분산시킨 유리를 할로겐화유리라고 하는데 이 할로겐화유리는 빛을 받으면 은이 석출되어 검게 변하므로 선글라스 등에 이용합니다. 요오드는 자극성이 있는 냄새나는 유독한 증기로 물에는 거의 녹지 않으나 요오드화칼슘 수용액에 녹아 적갈색 용액이 됩니다. 이를 요오드-요오드화칼륨 용액이라고 하는데 녹말을 검출하는 데 이용하고, 요오드와 요오드화칼륨을 포함한 알코올 용액은 살균 작용을 하므로 소독약으로 사용합니다.

 할로겐 원소들이 우리 주변에서 유용하게 사용되고 있군요. 지금까지 할로겐 원소들의 특성을 알아본 결과, 김뉴턴 씨가 방송에서 한 발언은 사실과 다르다는 게 분명해졌습니다. 따라서 김뉴턴 씨는 자신의 발언이 잘못된 것임을 인정하고 사과 방송을 해야 합니다.

 할로겐 원소들의 특성을 알아본 결과 브롬은 비금속인 할로겐 원소에 속하며 상온에서 액체 사태로 존재한다는 사실이 밝혀졌습니다. 따라서 김슈타인 씨의 주장이 옳다고 판단됩니다. 김뉴턴 씨는 자신의 발언에 책임을 지고 사과 방송을 하십시

오. 이상으로 재판을 마치겠습니다.

김뉴턴 씨는 제대로 알지도 못한 상태에서 방송에 나와 설명을 했던 자신이 부끄러웠다. 그리하여 자신의 미니 홈피에 잘못된 설명을 한 것에 대한 사과문을 올렸다. 그 후 김뉴턴 씨는 김슈타인 씨에게 과학적인 정보를 교환하는 친구가 되자고 제안했고, 둘은 절친한 사이가 되었다.

 녹는점과 끓는점

녹는점은 고체 물질이 녹기 시작하는 온도이다. 일정한 압력 하에 물질의 녹는점은 물질에 따라 각기 다르기 때문에, 물질의 특성이 된다. 끓는점은 액체가 끓기 시작하는 온도이다. 예를 들어 1기압에서 물을 가열하면 물의 온도가 99.975℃가 되었을 때 끓기 시작한다. 끓는점은 외부의 압력에 비례한다.

쇠라고 모두 물에 가라앉을까?

쇠도 물에 뜰 수 있을까요?

"두두두두두두~ 결정 인기 가요, 넷째 주 1위
는…… 아이돌스의 〈넌 내 꺼〉입니다! 축하드립니다.
벌써 3주 연속 1위인데요, 소감 말씀해 주세요!"

"네, 이제 갓 데뷔한 저희들에게 이렇게 큰 상을 주셔서 감사합니
다. 더욱더 분발하라는 채찍질로 알고 더욱 노력하는 아이돌스가
되겠습니다."

"그럼 아이돌스의 〈넌 내 꺼〉를 마지막 곡으로 들으시면서 저희
는 다음 주에 찾아뵙겠습니다."

아이돌스는 요즘 가장 잘나가는 2인조 듀오다. 아이돌스가 나가

는 프로는 시청률이 오르는 것은 물론 아이돌스가 하는 건 무엇이든 가장 큰 화제가 된다. 인터넷은 온종일 아이돌스의 기사로 도배됐고 만나는 사람마다 아이돌스에 대해 이야기 했다.

"너희들 축하해주려고 사장님도 오셨어."

"축하하네. 벌써 이게 몇 번째 트로피인가? 정말 대단하네. 아참, 내가 오늘 여기 온 이유는 한 가지 부탁할 것이 있어서야."

"부탁이라니요. 당연히 도와드려야죠."

"다음 주에 새로 시작하는 프로그램이 있어. 퀴즈 프로그램인데 연예인을 대상으로 하는 프로지. 첫 방송인 만큼 화제를 좀 만들어 시청률을 올렸으면 하는데 그 방송 PD가 나와는 오랜 친구라 자네들이 출연을 좀 해줬으면 한다는구먼."

"네, 당연히 나가야죠!"

"그리고 한 사람만 나갈 수 있다고 하니 형인 자네가 나가고, 동생인 자네는 응원석에서 응원을 하도록 하게나."

"네, 알겠습니다."

"그리고 혹시 모르니 공부 좀 해두게나. 일반 상식 문제가 나온다고 하니."

한다고 했지만 당장 3일 뒤로 잡힌 퀴즈 프로그램 일정은 아이돌스에겐 부담이 되었다. 혹시나 쉬운 문제를 틀려서 망신을 당하는 것이 아닌가 하는 불안감도 들었다. 그래서인지 빠듯하고 피곤한 일정의 연속이었지만 이동 시간이나 대기 시간 틈틈이 책을 보았고 그 덕분에 프로에 나가서 잘할 수 있다는 자신감이 들었다.

"형만 믿어! 이렇게 공부를 열심히 했으니까 쉬운 문제에서 황당하게 틀리는 일은 없을 거야."

"당연하지! 오늘 몇 시라고 했지?"

"3시니까 여기서 조금 더 보다가 출발하면 딱 맞겠다."

아이돌스는 마지막 문제를 정리하면서 프로그램의 조연출에게 프로그램 진행 방식에 대한 설명을 들었다.

"총 5단계로 구성되어 있어요. 첫 단계는 아주 간단한 문제로 시작해서 각 단계별로 다섯 문제씩을 풀어요. 그런 다음 점수를 합산해서 마지막 단계인 지옥의 퀴즈로 넘어가고, 지옥의 퀴즈를 맞힌 사람이 우승을 하는 거죠. 그리고 2단계까지는 누구나 풀 수 있는 아주 쉬운 문제만 내니까 너무 걱정하지 마세요."

그러고 나서 몇 분 후 프로그램이 시작되었다.

"안녕하세요. 온 국민의 퀴즈 프로그램이 되는 날까지 저희는 계속 쭈-욱 달립니다. 〈도전 지옥 퀴즈〉의 사회자 임성헌입니다. 자 그럼, 오늘의 출연자 간단하게 소개하고 바로 퀴즈 시작하도록 하겠습니다. 탤런트 이용해 씨! 영화배우 송송혼 씨! 코미디언 강호덩 씨! 그리고 마지막으로 요즘 장안의 화제! 인기 최정상의 가수! 아이돌스!입니다. 그럼 시간 관계상 바로 첫 번째 문제를 풀도록 하겠습니다. 아이돌스! 첫 번째 문제 나갑니다!"

"1단계. 다음 중 물에 뜨지 않는 것은? ① 나무 ② 철 ③ 플라스틱. 정답은?"

"네, 2번 철입니다."

"땡!"

가장 쉬운 단계의 문제를 그것도 첫 문제부터 틀린 아이돌스는 그 방송이 끝나자마자 악플과 비난에 시달려야 했다.

"아이돌스 너무 무식해요."

"뭘 믿고 저런 사람을 첫 회에 내보낸 거죠?"

사람들의 비난은 끝없이 이어졌고 그들의 노래도 인기도 물거품처럼 어느새 사라져 버렸다. 결국 아이돌스는 해체하고 말았고 인생의 천당과 지옥을 한순간에 오가며 힘든 나날을 보내고 있었다.

"그깟 퀴즈 하나 때문에 내 인생이 이렇게 망가지다니…… 도무지 이해할 수가 없어. 하지만 난 아직도 모르겠어. 나무와 철과 플라스틱 중 가장 무거운 건 철이니까 철이 물에 뜨지 않는 건 당연한 거 아냐? 그래! 이건 퀴즈 프로그램에서 정답을 잘못 안 걸 거야. 그래, 확실해! 나를 이렇게 만든 그 방송국을 상대로 고소를 해야겠어."

쇠가 물에 뜰 수 있는 건 물의 표면 장력 때문입니다.
부착력과 응집력의 영향으로 생기는 물의 표면 장력이
쇠를 물에 뜨게 하는 것이지요.

어떤 물질이 물에 뜰까요?
화학법정에서 알아봅시다.

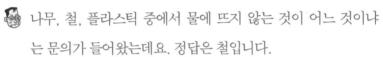

재판을 시작하겠습니다. 물에 뜨는 물질과
뜨지 않는 물질을 구별해 내는 문제의 답을
확인해 달라는 의뢰가 들어왔습니다. 어떤
물질이 물에 뜨는지 먼저 피고 측 변론해 주십시오.

나무, 철, 플라스틱 중에서 물에 뜨지 않는 것이 어느 것이냐
는 문의가 들어왔는데요. 정답은 철입니다.

철이 물에 뜨지 않는 이유는 무엇인가요?

나무나 플라스틱은 가볍고 철은 무겁기 때문이지요.

그럼 엄청나게 큰 나무나 플라스틱 덩어리를 만들면 그것도
무거우니까 가라앉아야 하는 것 아닌가요?

글쎄요, 판사님 말씀을 듣고 보니 저도 헷갈리는데요.

이거 참…… 변론 준비를 제대로 하지 않은 것 같군요. 나무,
철, 플라스틱 중에서 어느 것이 물에 뜨지 않을까요? 원고 측
변론해 주십시오.

안타깝지만 이 문제는 성립하지 않습니다.

문제가 성립하지 않는다면 답이 없다는 건가요?

네, 이 문제는 정답이 없습니다. 보통의 경우 나무는 물에 뜬

다고 배웠습니다. 하지만 물에 가라앉는 나무도 있습니다. 플라스틱도 물에 뜨는 종류와 가라앉는 종류가 있습니다. 그렇다면 철은 어떨까요? 물론 철은 보통 물에 가라앉는다고 알고있지만, 면도칼같이 얇게 만들면 가라앉지 않고 물에 뜹니다.

 어떻게 그런 현상이 일어나는 건가요?

 여러 가지 원인에 의해서 일어나지만 물의 표면 장력으로 설명드릴 수 있습니다.

 물에 표면 장력이란 것이 있습니까? 표면 장력이란 무엇인가요?

 물의 표면 장벽이과 물질들이 물에 뜨는 원리를 설명해 주실 증인을 요청합니다. 증인은 화학발견연구소의 최력 소장님입니다.

 증인 요청을 받아들이겠습니다.

50대 중반으로 보이는 남자가 자신의 괴력을 자랑이라도 하듯 물을 가득 담은 커다란 물통을 양손에 들고 증인석에 들어섰다.

 표면 장력이란 무엇인가요?

 액체가 둥근 모양일 때 액체가 공기와 접하는 표면적이 가장 작아집니다. 물방울 두 개를 서로 가까이 가져가면 물방울들이 뭉쳐지면서 하나로 되는 것도, 하나의 물방울이 되는 것이 두 개일 때보다 표면적이 작아지기 때문입니다. 이와 같이 액체는 표면적을 되도록 줄이려는 성질이 있는데, 액체의 이러한 성질을 '표면 장력'이라고 합니다. 물은 다른 액체보다 표면 장력이 큰 편입니다.

표면 장력이 생기는 이유는 무엇인가요?

액체 내부의 분자는 주위를 둘러싼 분자들에 의해 모든 방향으로 인력(잡아당기는 힘)을 받고 있습니다. 그러나 액체 표면에 있는 분자는 위쪽 방향으로는 인력이 작용하지 않기 때문에 물속으로 끌리게 됩니다. 따라서 액체는 표면에 있는 분자수를 적게 하여 표면적을 줄이려는 성질을 띠며 이 때문에 표면 장력이 생깁니다. 또한 응집력과 부착력의 차이도 표면 장력을 만드는 원인이 됩니다.

응집력과 부착력이란 무엇입니까?

같은 액체 분자끼리 서로 잡아당기는 힘을 응집력이라 하고 다른 분자들과 서로 잡아당기는 힘을 부착력이라고 하는데, 이 응집력과 부착력의 차이 때문에 생기는 힘이 표면 장력입니다. 그을음을 묻힌 유리판에서는 그을음과 물의 부착력이 작아 물방울이 둥글게 뭉치지만 비누를 칠한 유리판에서는 물과 비누의 부착력이 커서 물방울이 납작하고 넓게 퍼지는 것이지요.

🙂 물의 표면 장력이 물질을 띄우는 이유는 무엇인가요?

😀 우리는 소금쟁이가 물에 뜨는 것을 알고 있습니다. 물과 기름은 부착력이 매우 작은데 소금쟁이의 다리는 표면이 기름 성분으로 된 작은 털로 덮여 있습니다. 따라서 물의 표면 장력 때문에 소금쟁이가 물 위에 뜨는 것입니다. 면도칼도 물의 표면 장력이 강하기 때문에 뜰 수 있습니다. 이처럼 부착력과 응집력의 영향으로 생기는 물의 표면 장력이 물질을 뜨게 합니다.

🙂 물의 표면 장력은 얼마나 큽니까?

😀 액체의 표면 장력은 분자 사이에 작용하는 인력에 의해 생기는 것이므로 분자 사이에 작용하는 인력이 큰 물질일수록 표면 장력이 커집니다. 그런데 물 분자는 분자 사이의 수소 결합 때문에 분자 사이의 인력이 다른 액체 물질보다 훨씬 강합니다. 따라서 물의 표면 장력도 다른 액체 물질보다 훨씬 커서 물방울이 둥근 모양을 하는 것이지요. 실제로 물의 표면 장력은 다른 액체 물질의 세 배 정도입니다. 물보다 표면 장력이 더 큰 액체는 수은인데 수은 원자 사이의 결합이 물 분자 사이의 수소 결합보다 훨씬 강하기 때문이지요. 따라서 수은은 물방울보다 더 둥근 모양을 나타냅니다.

🙂 주위에서 표면 장력을 관찰할 수 있는 예로는 어떤 것이 있나요?

😀 수도꼭지에서 조금씩 떨어지는 물방울과 이른 아침 풀잎에 맺

힌 이슬은 모두 둥근 모양을 하고 있습니다. 또 물이 가득 담긴 물 컵에 물을 계속 따르면 넘칠 듯하면서 넘치지 않고 컵 위로 물이 불룩하게 솟아오르는 것을 관찰할 수 있습니다. 이와 같은 현상은 모두 액체가 표면적을 최소화하려는 표면 장력 때문입니다.

물의 표면 장력으로 일어날 수 있는 현상이 아주 많군요. 어떤 물질이든 표면 장력을 이용하면 물에 뜰 수도, 가라앉을 수도 있다는 것을 확인했습니다. 따라서 아이돌스가 출연한 퀴즈 프로그램에서 나온 과학 문제는 정답이 없습니다.

물의 성질은 아주 다양한 것 같습니다. 물의 표면 장력으로 물체를 띄울 수 있으며 우리 주변에서 항상 보는 현상들도 모두 그 이유가 있는 것처럼, 물이 둥글게 물방울을 이루는 데도 수소 결합이라는 원인이 있었군요. 증인의 증언에 따르면 아이돌스에게 낸 퀴즈는 정답이 없는 문제라고 판단됩니다. 퀴즈를 맞히지 못한 것은 아이돌스의 무지함 때문이 아니라 문제 자체가 성립하지 않기 때문임을 밝힙니다. 아이돌스에 대한 악성 루머를 퍼뜨리거나 정신적 피해를 준다면 법적인 절차에 따라 처벌할 것이므로 더는 그런 일이 없도록 하십시오. 이상으로 재판을 마치겠습니다.

재판이 끝난 후, 문제 자체가 잘못되었다는 것을 알게 된 퀴즈 프

로그램에서는 문제 자체가 잘못된 것이므로 아이돌스가 문제를 틀린 것이 아니라고 밝혔다. 그 후 아이돌스는 재기할 수 있었고, 다시는 그런 망신을 당하지 않기 위해 두 사람 모두 상식 책을 옆구리에 끼고 살았다.

 인력

두 물체가 서로 끌어당기는 힘을 인력이라고 한다. 뉴턴의 만유인력, 부호가 다른 전기 또는 자석의 극 사이에서 일어나는 쿨롱의 인력, 분자 사이에서 일어나는 반데르발스의 힘 등이 인력의 대표적인 예이다.

순물질 · 화합물 · 혼합물

순물질은 한 가지 종류로만 이루어진 물질이다. 이중 한 종류의 원소로만 이루어진 물질을 홑원소 물질이라고 하는데 구리, 철, 금과 같은 금속과 헬륨, 네온, 아르곤 같은 기체, 다이아몬드, 흑연 같은 고체나 수소, 산소, 질소 기체 등이 홑원소 물질에 속한다.

두 종류 이상의 원소가 화합하여 일정한 성분비를 이루는 물질을 '화합물'이라고 하는데, 화합물은 분해하면 두 종류 이상의 순물질이 된다. 예를 들어 물도 화합물인데 전기 분해를 하면 수소와 산소라는 순물질로 분해된다. 화합물의 예로는 물, 암모니아, 메탄, 염화나트륨 등을 들 수 있다.

몇 가지 순물질들이 섞여서 각 순물질들의 성질을 그대로 나타내는 물질을 혼합물이라고 한다. 이중 어느 부분을 취해도 조성비가 균일한 물질을 균일 혼합물 또는 용액이라고 한다. 공기, 소금물, 청동, 사이다 등이 그 예다.

또 취하는 부분에 따라 그 조성비가 다른 물질을 불균일 혼합물이라고 하는데 흙탕물, 암석, 우유 등이 그 예다.

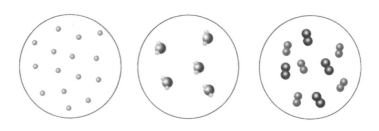

순물질 원자 구조의 예   화합물 분자 구조의 예   혼합물 분자 구조의 예

물질의 성질

물질의 성질에는 물리적 성질과 화학적 성질이 있다. 물리적 성질은 물질의 어는점, 끓는점, 밀도, 색깔, 냄새, 맛 등으로 화학적 본질을 변화시키지 않고 관찰할 수 있는 성질을 말한다. 화학적 성질은 열, 빛, 약품 등에 의해 물질의 본질에 변화가 있을 때 관찰되는 성질을 말한다.

혼합물의 분리

고체와 액체 혼합물을 분리하는 방법에는 여러 가지가 있다.

먼저 거름에 대해 알아 보자. 거름은 액체 중에 있는 고체(앙금)를 깔때기와 거름종이를 사용하여 분리하는 방법을 말한다. 예를 들어, 흙탕물에서 흙과 물을 분리하거나 모래와 소금을 분리할 때 사용된다.

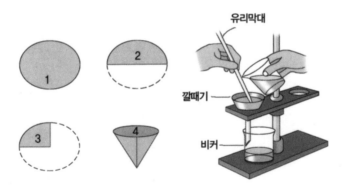

거름종이 접는 법과 거르는 법

고체의 끓는점 차이를 이용한 분리 방법도 있는데, 이를 증류라고 한다. 증류는 휘발성이 없는 고체가 액체에 용해된 경우에 사용하는데, 이 용액을 가열하면 액체가 증기로 날아가고 고체는 남게되어 분리가 이루어진다.

고체 혼합물을 분리하는 방법으로는 재결정이나 승화, 추출 방법 등이 있다. 재결정은 분별 결정이라고도 부르는데, 온도 변화에 따른 용해도의 차가 큰 고체 혼합물을 분리할 때 사용한다. 예를 들어 질산칼륨과 염화나트륨의 혼합물을 분리할 때 재결정 방법을 사용한다. 승화는 고체에서 액체를 거치지 않고 바로 기체로 변하는 것을 말하는데, 승화를 하는 고체와 그렇지 않은 고체가 섞여 있을 때는 가열하여 승화성 물질을 분리한다. 예를 들어 승화성 물질인 나프탈렌과 승화를 하지 않는 염화나트륨을 분리할 때 사용한다.

추출은 특정한 용매를 사용하여 혼합물 중 한 가지 성분만 녹여서 분리하는 방법이다. 예를 들어 콩에서 지방을 분리할 때 특정한 용매로 에테르를 사용하면 지방은 에테르에 녹기 때문에 콩에서 지방이 분리된다.

액체 혼합물을 분리하는 방법으로는 분별 깔때기법이나 분별 증류법이 있다.

서로 섞이지 않는 두 액체는 분별 깔때기를 사용하여 두 액체의 밀도차를 이용하여 분리한다. 예를 들어 물과 에테르나 물과 니트

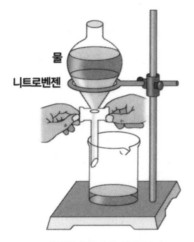

물

니트로벤젠

분별 깔때기에 의한 분리

로벤젠 등을 분리할 때 이 방법을 사용한다.

분별 증류는 끓는점의 차이를 이용하여 서로 잘 섞이는 액체 혼합물을 분리하는 방법으로 원유에서 가솔린, 경유, 등유 등을 분리할 때 사용된다.

찬 물

불순물이 섞여 있는 술

기체 혼합물을 분리하는 방법에는 다음과 같은 것들이 있다.

흡수법은 혼합 기체 중 한 종류만 흡수하는 약품에 통과시켜 기체를 분리하는 방법이다. 수증기와 염기성 기체가 섞여 있을 때는 진한 황산을 이용하면 염기성 기체와 황산이 중화 반응을 일으켜 수증기가 분리된다.

액화법은 기체 혼합물을 액화시켜 분별 증류하거나 밀도의 차이를 이용하여 분리하는 방법이다. 예를 들어 공기를 영하 196℃까지 냉각시키면 질소의 끓는점이 196℃이므로 공기에서 질소가 분리된다.

그 밖의 혼합물 분리 방법으로는 이온 교환법이 있다. 이온 교환법은 물속에 들어 있는 적은 양의 이온을 이온 교환 수지에 통과시킴으로써 제거하는 것이다. 예를 들어 센물 속에 있는 칼슘 이온이나 마그네슘 이온을 분리하여 단물을 만들 때 사용한다.

용액에 관한 사건

김 기자의 옷에 생긴 일

세탁 시 옷 색이 변하지 않게 하려면 어떻게 해야 할까요?

오늘도 김 기자는 하루를 어머니의 전화로 시작했다.

"애야, 요번 주 주말에 약속 잡아 놨으니까 늦지 말고 예쁘게 하고 나오너라. 잊지 마! 토요일 오후 3시. 저번에 갔던 곳으로 가면 될 거다."

"네네, 알았어요, 갈게요."

그렇다고 김 기자가 결혼에 관심이 있는 것도 아니었다. 처음엔 나가지 않겠다고 버텨 보기도 하고 일부러 애인이 있는 척도 해 봤지만, 이젠 그도 귀찮아지기 시작하면서 어머니의 말씀을 따르는 척하게 된 것이다.

'어머니, 그래 봤자 소용없어요. 저는 아직 제 일이 더 좋고 앞으로도 쭉 결혼엔 관심 없을 거예요, 흥!'

어렸을 때부터 항상 꿈꿔 오던 기자가 되기 위해 20대를 보내고 이제 조금 인정을 받기 시작한 김 기자에게 결혼은 항상 관심 밖의 일이었다. 아직도 기자로서 인정받기 위해선 갈 길이 멀다고 생각했기 때문이다.

하지만 이번의 약속은 조금 달랐다. 어렸을 적 고향에서 초등학교를 다니던 시절, 그녀가 처음으로 좋아한 남자 영석이와의 만남이었기 때문이다.

어머니께는 관심 없는 척했지만 선을 볼 상대가 영석이라는 것, 그리고 사진으로 본 영석이가 몇 년이 지난 지금도 멋있다는 사실이 김 기자를 설레게 했다. 그래서 그날 이후부터 오늘을 손꼽아 기다려 온 김 기자였다.

'인연도……참…… 그 옛날 영석이가 이렇게 멋있어질 줄이야. 거기다 내 첫사랑이잖아? 목요일엔 옷을 사고 금요일엔 피부 관리실에 들러 마사지를 좀 받고 토요일엔 미용실에 들렀다 가야겠어! 거기다 저번 주엔 회사에서 보너스까지 받았으니! 이건 완전히 영석이와 나를 이어 주려는 하늘의 계시라고!'

한참 마음이 들뜬 김 기자는 절친한 친구를 불러 맞선 날 입을 옷을 고르기 위해 백화점으로 향했다.

"무조건 여성스러운 모습이어야 해 핑크 좋다! 이거 한번 입어 봐!"

"이거 나한테 별로일 거 같은데. 거기다 가격도 엄청나게 비싸다고."

"이번 자리가 너한테 얼마나 중요하니! 그걸 생각하라고!"

옷값은 꽤 큰돈이었지만 오랜만에 영석이를 만나는 자리이기도 하고 저번 주에 받은 보너스도 있었기 때문에 김 기자는 과감하게 핑크색 원피스를 구입하였다.

그리고 드디어 토요일. 아침부터 긴장되는 마음에 수선을 떤 그녀는 약속 시간에 딱 맞춰 도착하였고 드디어 영석이를 만나게 되었다.

"오랜만이야. 나, 기억하겠어?"

"당연하지. 오늘 너 만날 거 생각하니까 조금 긴장되더라. 오느라 힘들었지? 우선 뭐 좀먹으면서 이야기하자."

영석이의 배려에 입이 귀에 걸린 그녀는 이참에 연애나 한번 해 볼까 하는 생각에 빠져 있었다. 음식이 나오고 좋은 음악이 흘러나오는 가운데 영석이와의 식사를 즐기던 그녀는 고개를 들어 영석이를 봤다. 그런데 이게 웬일인가!

"우걱우걱. 너 기자 한다며? 우걱우걱. 재밌겠다."

"어……어. 기……자하고 있어……재……밌긴 뭐."

자신이 기대하던 멋진 모습의 영석이가 아닌 게걸스럽게 접시를 비워 대는 영석이가 있었던 것이다. 처음으로 마음에 드는 남자를 만난 김 기자는 배가 고파서 그러려니 하고 영석이에게 말을 건넸다.

"영석아, 좀 천천히 먹어. 체하겠다."

"우걱우걱. 나 원래 이렇게 먹어. 하하하! 우걱우걱. 너도 이거 좀 먹어 봐. 아~ 해 봐."

게걸스럽게 먹던 영석이가 자신에게 한입 먹어 보라며 포크를 내밀자 김 기자는 기겁을 하였다. 그 바람에 영석이가 들고 있던 포크가 떨어졌고 영석이 때문에 비싼 옷까지 사 입은 게 갑자기 억울해진 김 기자는 그에게 급한 일이 있다며 성급히 그 자리를 빠져나왔다.

"이게 뭐야! 돈은 돈대로 날라고, 옷은 옷대로 버리고, 내가 다시는 선보나 봐!"

속상한 마음에 한시라도 빨리 그 옷을 벗어 버리고 싶었던 김 기자는 집에 오자마자 원피스를 세탁소에 맡겼다. 그리고 그 일을 잊기 위해 다시 일에 몰두했다.

김 기자는 며칠 후 선배 기자에게서 전화 한 통을 받았다.

"김 기자, 다음 주에 우리 전국기자협회에서 모임이 있으니까 정장 입고 나오라고."

김 기자는 모임에 입고 나갈 옷을 찾다가 선볼 때 입고 나간 옷이 생각나 세탁소에 들렀다.

"아저씨 , 옷 찾으러 왔어요."

하지만 그녀가 받은 옷은 원래의 핑크색이 아니었다. 색이 바래 있었던 것이다.

"아저씨! 이거 옷 색이 바랬잖아요!"

"아니, 원래 그랬어요. 손님이 잘못 기억하시는 거 아닌가요?"

"아저씨, 그걸 지금 말씀이라고 하세요? 안 그래도 거금을 들여 장만한 것도 화나는데 미안하다는 말은 못하실 망정 발뺌을 하시다 니 정말 화나네요. 아저씨를 고소하겠어요!"

도대체 김 기자의 옷에 어떤 일이 벌어진 것일까?

빨래를 할 때 소금물에 잠시 담가 두면 옷의 색이 변하는 것을
방지할 수 있습니다. 소금은 물에 녹으면 나트륨 이온과 염소 이온으로 분리되어
전기를 띠는 전해질이 됩니다. 이 전해질이 물에 잘 달라붙는 염색 입자들과
엉겨 옷의 물이 빠져나가는 것을 막아 줍니다.

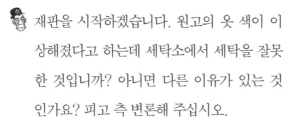

여기는 **화학법정**

김 기자의 옷 색이 왜 이상해진 걸까요?
화학법정에서 알아봅시다.

재판을 시작하겠습니다. 원고의 옷 색이 이
상해졌다고 하는데 세탁소에서 세탁을 잘못
한 것입니까? 아니면 다른 이유가 있는 것
인가요? 피고 측 변론해 주십시오.

원고는 세탁소에 옷을 맡겼습니다. 며칠 후 세탁물을 찾으러
왔는데 옷을 보자 색이 이상하다고 했습니다. 하지만 원고가
옷을 맡길 때부터 옷감의 물이 빠진 상태였습니다. 피고는 옷
을 제대로 세탁하여 깔끔하게 정리해서 드렸는데 옷 색이 이
상한 것을 피고에게 책임지라고 하는 것은 받아들일 수 없습
니다.

세탁하는 중에 옷 색이 이상해지거나 물이 빠질 가능성은 없
습니까?

피고는 오랫동안 세탁업을 했습니다. 세탁 일에 관해서는 그
야말로 전문가이지요. 세탁하는 중에 다른 옷의 물이 들거나
물이 빠질 수는 있지만, 원고의 원피스가 매우 비싼 것임을 한
눈에 알아본 피고는 단독 세탁은 물론 다른 흠집이 생기지 않
도록 정성 들여 세탁을 했습니다. 따라서 옷에 문제가 생길 가

능성은 극히 드물지요.

 피고는 세탁 가정에서 문제가 생겼을 리 없다고 합니다. 그런데 어떻게 원피스의 색깔이 이상해진 것인지 원고 측의 주장을 들어 보겠습니다.

원고는 비싸게 돈 주고 산 옷을 세탁소에 맡겼는데 원고가 옷을 맡길 때와 색이 확실히 달라진 것을 느낄 수 있었습니다. 따라서 피고의 세탁 방법에 문제가 있었던 것이 분명합니다. 그러므로 옷감의 색이 이상해지도록 방치한 세탁소 주인인 피고가 원고의 옷값을 배상해야 합니다.

피고의 세탁소에서 옷감의 색이 이상해졌음을 입증할 수 있는 증거가 있습니까?

섬유로 만든 옷은 세탁법에 따라 그 성질이 많이 달라집니다. 옷 색이 어떻게 달라졌으며 옷감의 색을 그대로 유지하려면 어떤 조치를 취하면 되는지 말씀드리겠습니다. 최근 국내외의 섬유 성질과 관련하여 여러 논문을 발표하고 실험실 개방을 통한 의견 교류로 학계의 주목을 받고계신 과학공화국 섬유연구소의 강색동 소장님을 증인으로 요청합니다.

증인 요청을 받아들이겠습니다.

알록달록한 무지개 색 망토를 걸친 50대 초반의 남자가
비단 바지에 망사 티셔츠를 입고 성큼성큼 걸어와서 증인

석에 앉았다.

인간은 어떻게 옷감에 색을 넣기 시작했습니까?

인간은 옷을 입기 시작하면서 색체에 관심을 가져 식물의 열매, 잎, 뿌리 등의 식물성 염료와 동물성, 광물성 등의 천연염료를 사용하여 염색을 하였습니다. 그러나 이렇게 염색한 것은 색깔이 변하기 쉽고 색상을 오래 유지하지 못합니다. 그래서 최근에는 천연염료 대신 합성염료를 만들어서 사용하고 있지요. 그런 합성염료를 사용하여 효과적으로 염색하기 위해서는 염료와 옷감의 상태에 따라 알맞은 약품을 사용해야 합니다. 옷감에 염료를 잘 침투하게 하고 염색을 균일하게 하기 위해서는 소금을 사용하는데, 소금은 특히 염색 과정에서 색깔이 변하는 것을 막아 주기도 합니다.

소금을 사용하면 왜 색이 변하지 않는 거죠?

소금은 중성 상태의 염입니다. 이런 중성 상태의 염을 물속에 넣으면 염석 현상이 더욱 잘 일어나 옷감의 색이 변하는 것을 막아 주지요.

염석이란 무엇입니까?

염석이란 물에 잘 달라붙는 입자와 용액 속의 전해질이 엉기는 현상입니다.

그럼 소금을 넣으면 왜 염석이 잘 일어나는 거죠?

소금을 넣으면 소금은 나트륨 이온과 염소 이온으로 분리되어 물속에서 전기를 띠는 전해질이 됩니다. 그러면 물에 잘 달라붙는 성질을 가진 염색 입자들과 전해질이 엉겨 옷감의 물이 빠져나가는 것을 막아 주지요. 그래서 옷의 원래 색이 변하지 않습니다.

염석의 또 다른 예로는 어떤 게 있죠?

삼각주가 만들어지는 것, 두부를 만들 때 간수를 넣어 주는 것, 비눗물에 다량의 식염을 가하면 비누가 석출되는 것, 단백질 수용액에 황산암모늄을 가하면 단백질이 침전되는 것 등이 사람들에게 많이 알려져 있습니다. 또 식염 수용액에 염화수소가스를 통과시키면 염화나트륨이 석출되고 알코올 수용액에 탄산칼슘을 가하면 알코올이 분리되는 현상도 염석의 좋은 예입니다.

원고의 옷 색이 이상해진 것도 염석 현상 때문인가요?

염석 현상으로 설명할 수 있습니다. 염석 현상을 이용하여 염인 소금을 수용액 속에 넣으면 물이 더 많은 극성을 띠어서 극성이 없는 염료 입자의 용해도를 떨어뜨려 염료가 녹기 힘들어집니다. 원고의 옷 색이 이상해진 것은 옷감의 물이 빠졌기 때문인데 세탁 시 소금물을 이용했다면 염석 때문에 옷감의 물이 거의 빠지지 않았을 것입니다.

소금물을 이용하여 세탁할 때는 어떻게 해야 합니까?

물 빠짐을 방지하기 위해서는 20%의 소금 용액에 빨랫감을 20분간 담갔다가 세탁하는 것이 가장 효과적입니다.

 다른 세탁물과 섞이지 않게 하거나 약품을 잘못 사용하지 않더라도 옷감의 물이 빠질 수 있군요. 옷감을 무조건 조심해서 다룬다고 손상되지 않는 것은 아니므로 옷감의 물이 날아가지 않도록 조치를 취하는 것도 전문가가 해야 할 일입니다. 피고는 옷감의 특성을 잘 모르고 있었기 때문에 옷감의 물이 빠지도록 방치한 것과 다름없습니다. 원고의 옷값 전액을 보상해 줄 것을 피고에게 요청합니다.

 세탁소 주인은 세탁소 안에서 일어나는 옷감의 손상에 책임이 있음 인정해야 합니다. 따라서 이번 사건에서 옷감의 물이 빠진 것은 옷감의 성질을 잘 알지 못한 피고의 책임이라고 판단됩니다. 옷값의 절반을 원고에게 지불해야 할 것입니다. 물이 잘 빠지는 옷은 소금물에 담갔다가 세탁하는 것이 좋다는 것을 알았으니 앞으로 전국의 세탁소에 이 사실을 알려서 옷감의 물 빠짐을 예방할 수 있도록 하십시오. 이상으로 재판을 마치겠습니다.

재판이 끝난 후, 세탁소 주인은 김 기자의 옷값의 절반을 지불했다. 어차피 그 옷에 대한 기억이 좋지 않던 김 기자는 보상받은 돈으로 원래 샀던 옷보다는 저렴하지만 깔끔한 정장을 새로 구입했

다. 세탁소에 가지 않고 손빨래를 해도 되는 옷이라 원래 옷보다도
더 맘에 들었다.

 용액

용질이 용매에 녹아 있는 액체를 용액이라고 한다. 용액은 두 종류 이상의 물질로 구성된 균일한 혼
합물이다. 용질은 용액의 한 성분으로 용액에 용해되어 있는 물질을 가리킨다. 가령 설탕을 물에 넣
어 잘 저으면, 설탕의 형태는 없어지지만 단맛은 그대로이므로 설탕물은 용액이다.

빛으로 용액 구별을?

흙탕물과 소금물 중 어떤 것이 용액일까요?

"우리 무슨 공부할까?"

"우리가 제일 좋아하는 과학 어때?"

한일고등학교에는 명물 두 명이 있었다. 공부가 취미이자 특기이고 교과서 읽는 게 세상에서 제일 재미있다는 박상식과 김똑똑. 둘은 전교 1~2등을 다투는 선의의 경쟁자이자 둘도 없는 베스트 프렌드이기도 했다. 이 정도로 명물일 순 없었다. 그들이 명물이 된 이유에는 무엇보다 그들이 나누는 대화가 유별났기 때문이다.

"내가 어제 아빠 차를 타고 시속 54킬로로 달리는데 글쎄 파리가 내 얼굴에 찰싹 달라붙어 죽은 거야. 도대체 파리는 시속 얼마로 나에게 날아오고 있었던 걸까?"

재미있는 일상의 대화도 항상 과학적으로, 수학적으로 생각하는 게 그들의 대화 방식이었다.

"그럼 어느 부분부터 볼까? 오늘은 용액에 대해서 알아보자. 선생님께서 다음 주에 이 부분에 대해서 토론한다고 하셨거든."

"그래. 나도 이 부분을 관심 있게 지켜봤는데, 아참 너 어제 신문 봤어? '흙탕물과 소금물 중 과연 어느 것이 용액인가?' 하는 글 말이야."

"나도 그거 봤는데 굉장히 헷갈리는 문제였어."

"우리가 이걸 밝혀서 신문사에 투고하는 건 어때?"

"오~ 그거 멋진데? 그럼 어디서부터 시작하지?"

"용액이란 무엇인가? 이거부터 봐야 할 것 같아. 그래야지 어느 것이 용액에 더 가까운지 알아낼 수 있을 거 아냐."

박상식과 김똑똑이 신문사에 투고할 생각으로 열띤 토론을 벌이고 있을 때쯤, 한 과학자가 온 세상이 관심을 기울이고 있는 흙탕물과 소금물에 대한 논쟁에 과감한 의견을 제시하였다.

"난 흙탕물과 소금물, 즉 콜로이드 용액과 참용액을 구별할 수 있소! 세상의 많은 과학자들이 실험실에서 머리를 쥐어짜며 끙끙 거리고 있을 때 난 밖으로 나와 세상의 빛을 가지고 그들을 구별 했소."

그의 발언은 사이비 교주의 설교 같기도 하고 돌팔이 과학자의 헛소리 같기도 했지만, 어찌 되었건 과학자들이 고민하던 소금물과 흙탕물 문제에 대한 의견을 제시했다는 사실만으로 큰 이슈가 되었다. 이 이야기는 얼마 지나지 않아 박상식과 김똑똑의 귀에도 들어갔다.

　　"상식아! 상식아! 일어나 봐! 우리가 요즘 토론하고 있는 문제 말이야. 흙탕물, 소금물 말이야!"

　　"그게 왜~ 아직도 정답 못 찾았잖아."

　　"어떤 과학자가 답을 찾았대!"

　　"뭐! 어디 이리 줘 봐!"

　　"빛이 어쩌고저쩌고…… 이 사람 말하는 게 좀 이상한 거 같아. 사이비 교주 같기도 하고 워낙 주목을 받는 문제라서 그런지 별 이상한 사람이 다 나타나네."

　　"그치? 나도 이상한 게 한두 군데가 아냐. 도대체 빛을 가지고 어떻게 두 용액을 구분한다는 거야?"

　　"그러게!"

　　"우리 가만 있지 말자. 이런 이상한 사람이 우리가 세상에서 가장 좋아하는 과학을 망쳐 놓고 있어. 이런 말도 안 되는 주장으로 사람들을 현혹시키고 있다고!"

　　"그래! 자기가 과학자라고 주장하는 이 사람을 만나서 단판을 짓자! 우선 신문사에 전화해서 이 사람이 어디 사는지 물어보자고."

곧바로 신문사로 전화한 박상식과 김똑똑은 그 과학자가 자신들의 집에서 멀지 않은 곳에 있는 대학의 교수란 것을 알아냈다. 그리고 학교가 끝난 뒤 교수를 찾아간 둘은 그를 만나기 위해 계속 기다렸다. 그렇지만 교수는 세상을 놀라게 하기 위해 두 용액을 구별하는 장면을 텔레비전 중계를 통해 발표하겠다는 말만 되풀이 했다.

"분명해. 아니, 이젠 확실해졌어. 저 사람 사이비라는 게."

"맞아, 나도 동감해. 우리 이 사람 정말 가만두지 말자. 법의 심판을 받아야 할 사람이야. 사람들을 현혹시키고 있잖아?"

"그래! 우리 둘이 힘을 합쳐서 이 사람을 고소하자!"

결국 교수를 고소한 두 사람, 교수는 과연 거짓말쟁이일까?

빛의 산란 정도에 따라 참용액과 콜로이드 용액을 구분할 수 있습니다.

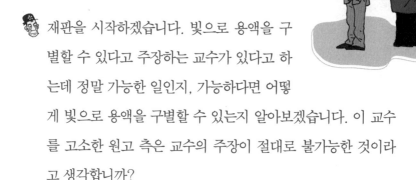

빛으로 어떤 용액인지 구별할 수 있을까요?
화학법정에서 알아봅시다.

재판을 시작하겠습니다. 빛으로 용액을 구별할 수 있다고 주장하는 교수가 있다고 하는데 정말 가능한 일인지, 가능하다면 어떻게 빛으로 용액을 구별할 수 있는지 알아보겠습니다. 이 교수를 고소한 원고 측은 교수의 주장이 절대로 불가능한 것이라고 생각합니까?

용액은 물질이 액체에 녹아 있는……뭐 그 정도의 물질로 알고 있습니다. 그러면 어떤 물질이 어떻게 녹아 있고 어떤 상태이기 때문에 용액인지 아닌지 구별할 수 있다는 식의 이론이 나와야 정상 아닌가요? 그런데 어떻게 빛으로 용액의 종류나 상태를 구별할 수 있다는 말입니까? 요즘 들어 용액을 구별하는 문제가 텔레비전이나 신문 등의 언론매체에서 자주 언급되면서 사회적으로 큰 이슈가 되고 관심을 가지는 사람이 많으니까 이 같은 말로 사람들을 현혹시키려고 하는 것 같습니다만, 저희 원고들이 있는 한 불가능합니다. 하하하!

빛으로 용액을 구별할 수 있는 방법이 있는지 없는지는 직접 설명을 들어 보고 눈으로 확인하면 되지 않을까요? 미리 그렇게 단정 지을 일은 아닌 것 같습니다. 피고는 빛으로 용액을 구별하는 방법을 증명할 수 있습니까?

빛으로 용액을 구별하는 것은 가능한 일이며 증명해 보일 수 있습니다.

어떻게 그것이 가능한지 원리를 설명해 주십시오.

증인을 모셔서 자세한 설명을 드리겠습니다. 이 사건의 주인 공이자 흙탕물과 소금물 중 어느 것이 참용액인지 빛으로 구별할 수 있다고 주장하신 과학자를 증인으로 요청합니다.

증인 요청을 받아들이겠습니다.

흙탕물과 소금물 중 어느 것이 참용액인지 구별할 수 있다고 주장하던 과학자는 당장 그 자리에서 증명이라도 할 것처럼 양손에 용액을 넣은 병을 가지고 나왔다.

용액이란 무엇입니까?

용액이란 두 종류 이상의 물질이 고르게 섞여 있는 혼합물입니다. 크게는 물질의 상태에 관계없이 서로 다른 물질들이 균일하게 섞여 있으면 용액이라고 할 수 있습니다. 그러나 일반적으로는 기체, 액체, 고체 상태의 용질이 액체 상태의 용매에 녹아 있는 혼합물을 말합니다. 용매는 용질을 녹여 용액을 만드는 물질을 말하는데 일반적으로 용매는 대부분 액체입니다. 액체와 액체로 이루어진 용액에서는 둘 중 양이 더 많은 액체를 용매로, 더 적은 액체를 용질로 봅니다.

용액은 어떤 성질과 특징을 가지고 있습니까?

용액은 균일하기 때문에 어느 부분을 취해도 성분이 같은 성질을 지닙니다. 또 오래 두어도 가라앉는 것이 없으며 거름종이로 걸러지는 것이 없고 용질 입자가 눈에 보이지도 않습니다. 일반적으로 서로 다른 두 물질은 입자의 크기도 서로 다릅니다. 서로 다른 크기의 입자들이 섞이면 두 종류의 물질 중 입자가 크기가 더 큰 물질이 촘촘히 모여 만드는 빈 공간 사이로 작은 입자들이 끼어 들 수 있습니다. 따라서 용액의 부피는 일반적으로 '용매의 부피＋용질의 부피'보다 작습니다. 용매로 물을 사용한 용액은 수용액이라 하며 용매로 알코올을 사용한 용액은 알코올 용액이라고 합니다.

흙탕물과 소금물은 어떤 기준으로 구별할 수 있습니까?

흙탕물과 소금물에 빛을 비추면 빛이 산란되는 정도에 따라 차이를 보입니다. 따라서 빛의 산란 정도를 살펴보면 두 용액의 차이를 확인할 수 있고 참용액과 콜로이드 용액으로 구분할 수 있습니다.

🧑 산란이란 무엇인가요?

🧑 빛의 산란이자 빛의 분자와 충돌하여 운동 방향을 바꾸고 흩어지는 일을 말합니다. 기체, 액체, 고체 내부에서 모두 일어나지요.

🧑 참용액과 콜로이드 용액은 뭐죠? 그리고 어느 것이 더 빛을 많이 산란시킵니까?

🧑 설탕물이나 소금물같이 투명한 용액을 참용액이라고 합니다. 그리고 용질의 입자 크기가 커서 불투명한 용액을 콜로이드 용액이라고 하지요. 일반적으로 참용액보다 콜로이드 용액이 빛을 잘 산란시키지요. 콜로이드 용액을 구성하는 입자는 보통의 현미경으로는 관찰할 수 없고, 거름종이는 투과하지만 반투막은 통과할 수 없습니다. 이러한 콜로이드 용액에서는 틴들 현상이 일어납니다.

🧑 틴들 현상이 뭐죠?

🧑 빛의 파장과 같은 정도 또는 그것보다 더 큰 입자가 녹아 있는 콜로이드 용액에 빛을 쪼이면 광선이 입자에 의해 산란되어 옆에서 보면 광선이 밝게 나타나는 현상을 말하지요. 이 현상을 이용하면 보통의 현미경으로는 볼 수 없는 입자의 위치나 크기를 알 수 있지요. 입자가 클수록 빛이 산란되는 정도가 심해지는 것을 이용하여 입자의 크기를 구할 수 있습니다. 특히 입자가 고무나 비닐과 같은 고분자 물질일 경우에는 분자 사

슬의 길이를 알 수 있습니다. 맑은 하늘이 푸르게 보이는 것이나 금 용액이 여러 가지 색으로 나타나는 것도 빛의 파장에 따라 산란된 빛의 세기가 다르기 때문입니다. 틴들 현상을 이용하여 콜로이드 용액에 빛을 비추면 빛의 진로를 뚜렷이 볼 수 있지요.

빛을 비추면 소금물은 산란되는 빛이 거의 없어 투명하게 보이는데 흙탕물은 빛이 산란되어 뿌옇게 보이므로 소금물은 투명한 참용액이고 흙탕물은 콜로이드 용액이겠군요.

그렇습니다. 그것이 콜로이드 용액의 틴들 현상이지요. 입자의 크기에 따라 산란시킬 수 있는 정도가 다르기 때문에 빛을 이용하면 콜로이드 용액임을 쉽게 알 수 있어 두 용액을 구별할 수 있습니다. 콜로이드 용액에는 우유, 안개, 버터, 먹물, 잉크, 크림, 마요네즈 등이 있습니다.

우리 주변에 콜로이드 용액이 많군요. 빛을 산란시키는 정도로 참용액과 콜로이드 용액을 구별할 수 있다는 것을 알았습니다. 과학 공부를 열심히 하는 학생들에게 유익한 정보가 될 것 같습니다. 이상으로 재판을 마치겠습니다.

재판이 끝난 후, 빛을 이용해 용액을 구별할 수 있다는 것을 알게 된 박상식과 김똑똑은 그것을 밝혀낸 교수를 대단하게 생각했다. 자신들의 잘못을 교수에게 사과하고, 가끔씩 과학 지식을 가르쳐

달라고 부탁했다. 그 부탁을 받아들인 교수는 일주일에 한번씩 박상식과 김똑똑을 만나 즐거운 과학 대화를 나누었다.

 산란

빛·소리·전파 등의 파동이 분자나 원자 등의 작은 물체와 충돌해서 다른 방향으로 진행되는 현상을 산란이라고 한다. 하늘의 푸른빛이나 석양의 붉은빛은 산란 현상 때문에 생긴다.

냉장고와 곰팡이

냉장고에 넣어 둔 음식에서도 곰팡이가 필까요?

"이제 마지막 5분 남았습니다. 이 모든 세트를 39,900원에 구입할 수 있는 기회. 저희가 어렵게 준비한 구성인 만큼 오늘 기회를 놓치시면 다음 방송을 또 기약할 수 있을지 의문이네요. 다시는 만날 수 없는 구성! 오늘 꼭 선택하시기 바랍니다."

남편이 빵집을 운영하는 김주부 씨의 취미는 홈쇼핑 시청이다. 시도 때도 없이 본다고 해서 가족들에게 원성을 듣기 일쑤지만 사람의 마음을 혹하게 하는 홈쇼핑 호스트들의 설명을 듣고 있자면 어느새 빠져들기 때문이다.

"여보 이리 좀 와 봐! 여보! 여보!"

이미 홈쇼핑에 빠져들 대로 빠져든 그녀는 남편이 부르는 소리 따위는 들리지도 않았다.

"이 사람이 몇 번이나 불러야지 대답을 해!"

"아유, 미안해요. 나도 모르게……."

"요즘 날씨가 더워서 그런지 빵에 금세 곰팡이가 피네. 어쩌지? 방법 좀 생각해 봐."

"글쎄요. 아 참 여보, 저 홈쇼핑에서 지금 팔고 있는 거 한번 보세요."

"당신 보는 것도 부족해서 나까지 보라고? 됐네, 됐……어??"

"네, 지금 보시고 계시는 상품, 삼지에서 나온 최신형 냉장고입니다. 더운 날씨를 생각해 아무리 세게 틀어 놔도 에너지 효율이 높은 상품이라 전기세 걱정 없고요. 시원한 물 한 컵, 시원한 주스 한 잔이 생각나는 계절에 강력한 냉각 시스템으로 여러분의 몸속까지 얼려 버릴 수 있는 냉장고입니다. 그리고 요새 음식 밖에 내놓기 무서우시죠? 내놓기만 하면 금세 곰팡이 피고 상해서 냄새나고, 그래서 바로 이 제품을 사셔야 한다는 겁니다. 넣어 놓기만 하면 이제 곰팡이 안녕~ 지금 고객님들 반응 뜨겁습니다. 빠른 선택 부탁드립니다."

"당신도 곰팡이 걱정이라며? 저 냉장고 쓰면 곰팡이 안녕~이잖아. 저거 어떨까?"

"음, 괜찮은 거 같은데? 저 냉장고만 있으면 밖에 내놓는 바람에 생긴 곰팡이 문제가 해결될 거고. 그러면 당연히 손해가 줄어들면서 이익도 더 많이 남길 테니 결국 냉장고를 사야겠네. 그럼 당신이 얼른 주문해."

"알았어. 계산은? 어차피 냉장고만 있으면 빵도 더 많이 팔아서 돈도 더 많이 벌 테니까 일단은 할부로 사자!"

김주부 씨는 냉장고를 주문했고 3일 뒤 삼지전자 직원들이 냉장고를 설치해 주기 위해 방문했다.

"이쪽으로 살살 옮겨 주시고요. 요기 빵집 저쪽에 놓아 주세요. 그런데 이거 정말 음식 넣어 놓으면 곰팡이 안 생기는 게 확실합니까?"

"당연하죠. 걱정 마시고 써 보세요. 삼지전자 최신품인 만큼 우리 회사가 지금껏 축적한 모든 기술이 담겨 있는 제품입니다."

"자자 여보, 얼른 오늘 만든 빵들 넣어 두고 이제부터 본격적으로 장사를 시작해 보자고!"

김주부 씨와 그녀의 남편은 이제 더는 곰팡이 때문에 빵을 버리는 일이 생기지 않을 거라는 생각에 신나게 일을 시작할 수 있었다. 그리고 정말로 냉장고에 넣어 둔 빵들에서는 곰팡이가 피지 않았고 덕분에 빵집 운영에도 활력이 생겼다. 하지만 그것도 잠시, 며칠 뒤부터 냉장고에 넣어 둔 빵에서 곰팡이가 피기 시작했다. 할부로 어렵게 거금을 들여 냉장고를 산 김주부 씨와 그의 남편은 화가 머리끝까지 났다.

"이게 도대체 뭐야! 냉장고에 넣어 두기만 하면 곰팡이는 생기지 않는다더니 곰팡이가 생겼잖아! 거짓말로 사람들을 현혹해서 물건을 팔다니…… 그것도 한두 푼 하는 가격도 아니고 이렇게 비싼 걸 말이야!"

"여보, 당장 홈쇼핑 회사에 전화해."

"네, 전 며칠 전에 삼지 냉장고 산 사람인데요. 냉장고에 넣어 둔 음식에서 곰팡이가 폈습니다. 이거 어떻게 하실 겁니까? 곰팡이가 생기지 않는다고 해서 일부러 비싼 돈 주고 샀는데 이거 순 사기 아닙니까! 당장 환불해 주세요!"

"고객님, 일단 진정하시고요 그 부분에 대해서는 삼지전자하고 합의를 보셔야지 저희하고는……."

"이 사람들이 지금 장난하나! 물건을 팔아 놓고 이제 와서 발뺌이라니! 당신들 사기죄로 고소하겠어!"

곰팡이는 일반적으로 따뜻하고 습기가 많은 환경을 좋아하지만 어떤 곰팡이는 낮은 온도를 좋아하기도 합니다. 따라서 종류에 따라 어떤 음식은 냉장고에 보관하더라도 곰팡이가 생길 수 있습니다.

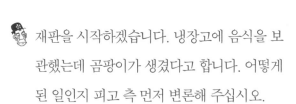

냉장고에 보관한 음식에서 곰팡이가 생긴 이유는 무엇일까요?
화학법정에서 알아봅시다.

재판을 시작하겠습니다. 냉장고에 음식을 보관했는데 곰팡이가 생겼다고 합니다. 어떻게 된 일인지 피고 측 먼저 변론해 주십시오.

여름에는 음식이 상하기 쉽고 곰팡이도 쉽게 생길 수 있습니다. 하지만 냉장고는 음식을 신선하게 보관하기 위해 사용하는 전자 제품으로 냉장고에 보관한 음식에는 당연히 곰팡이가 필 리 없습니다.

원고는 홈쇼핑에서 구입한 냉장고에 보관한 빵에서 곰팡이를 발견했다고 합니다. 피고 측에서 그 냉장고에 넣은 음식은 곰팡이 걱정 안 해도 된다고 했는데 냉장고에 보관한 빵에서 어떻게 곰팡이가 생길 수 있습니까?

그럴 리가 없습니다. 정말 냉장고에 보관한 음식에서 곰팡이가 나왔다면 그건 냉장고에 넣기 전에 이미 그 음식이 많이 상해 있었거나 다른 충격 때문에 냉장고가 고장 난 것일지 모르지요.

원고 측에서는 냉장고엔 아무 문제 없고 빵도 갓 구워 넣은 것이라고 하는데, 원고의 말이 사실이라면 빵에 곰팡이가 핀 것

을 어떻게 설명할 수 있을까요?

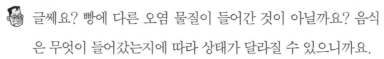

글쎄요? 빵에 다른 오염 물질이 들어간 것이 아닐까요? 음식은 무엇이 들어갔는지에 따라 상태가 달라질 수 있으니까요.

냉장고에 넣어 둔 음식에 어떻게 곰팡이가 생길 수 있었는지 원고 측의 변론을 들어 보겠습니다.

냉장고는 음식을 오랫동안 보관하는 전자 제품으로 실생활에서 아주 유용하게 사용됩니다. 냉장고 안은 고온 다습한 곳을 좋아하는 곰팡이가 서식하기 힘들기 때문에 음식물에 곰팡이가 생기지 않습니다. 그렇지만 빵은 조금 다릅니다.

빵은 냉장고에 넣어 두어도 곰팡이가 잘 생길 수 있다는 말인가요?

그렇습니다. 빵은 왜 냉장고 안에서도 곰팡이가 생기는지 알아보기 위해 파티시에 제과 협회의 맛조아 회장님을 증인으로 요청합니다.

증인 요청을 받아들이겠습니다.

두 손에 밀가루를 잔뜩 묻힌 50대 초반의 남자가 기다란 제빵사 모자에 제빵복을 입고 증인석으로 들어왔다.

곰팡이란 어떤 세균입니까?

곰팡이는 균류 중에서 진균류에 속하는 미생물입니다. 보통 그 본체가 실처럼 길고 가는 모양을 이루고 있습니다.

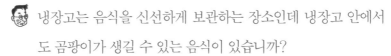 냉장고는 음식을 신선하게 보관하는 장소인데 냉장고 안에서도 곰팡이가 생길 수 있는 음식이 있습니까?

빵을 냉장고에 넣어 두면 시간이 조금 지나 곰팡이가 피어 있는 것을 볼 수 있습니다.

냉장고 안은 아주 차가운데 곰팡이가 살 수 있습니까?

곰팡이는 일반적으로 따뜻하고 습기가 많은 환경을 좋아하지만 어떤 곰팡이는 5~8℃의 낮은 온도를 좋아하기도 합니다. 따라서 냉장고에 보관한 음식에도 곰팡이가 생길 수 있습니다.

그렇다면 모든 음식이 곰팡이로부터 안전한 것은 아니겠군요.

냉장고가 아닌 상온에 오랫동안 보관하여도 곰팡이가 생기지 않는 음식도 있습니다. 꿀은 농도가 매우 높은 용액이어서 삼투 현상이 일어나 밖에 두어도 곰팡이가 생기지 않습니다. 삼투 현상이란, 농도가 서로 다른 두 용액 사이에 반투막이 있으면 농도가 낮은 용액의 용매가 반투막을 통과해 농도가 높은 용액 쪽으로 이동하는 현상을 말합니다.

반투막은 무엇인가요?

반투막은 용액·콜로이드 용액·혼합 기체 등과 같은 혼합물의 일부 성분은 통과시키지만, 다른 성분은 통과시키지 못하는 막을 말합니다. 예를 들어 세포 속의 원형질막은 반투막이기 때문에 세포가 삼투압을 유지하며 물을 흡수하지요. 또한 고무의 막은 물을 통과시키지 않지만, 물 분자보다 분자가 큰 벤젠은 통과시키며, 이온 교환 막은 막이 띠고 있는 전기와 반대 부호의 이온만을 통과시키는 등 단순히 구멍의 통과성만 가지고는 논할 수 없습니다.

꿀에서 생긴 삼투 현상이 곰팡이를 생기지 않게 하는 것인가요?

그렇습니다. 꿀에 곰팡이가 생기더라도 세포 밖의 환경인 꿀의 농도가 매우 높기 때문에 세포 안의 물이 반투막인 세포막을 통해 빠져나가게 됩니다. 따라서 정상적인 세포 기능이 이루어지지 않아 곰팡이가 곧 죽게 됩니다.

꿀의 농도가 너무 높아 곰팡이가 살 수 없는 거군요. 곰팡이의 특징을 알면 이를 이용하여 곰팡이를 없앨 수도 있겠습니다.

주위 환경이나 음식마다 살기에 알맞은 곰팡이의 종류가 있을 수 있겠지요. 냉장고에 보관한다고 무조건 곰팡이가 생기지 않는 것이 아니라 곰팡이가 사는 조건이 맞으면 언제든지 곰팡이는 생깁니다. 따라서 곰팡이가 생기지 않도록 곰팡이가 싫어하는 조건을 유지하는 것이 좋겠습니다.

곰팡이가 생기지 않는다는 허위 광고로 냉장고를 판매한 회사 측에서는 책임지지 못할 발언을 한 것입니다. 냉장고 안에서 곰팡이가 핀 빵이 발견됨으로써 회사 측 광고는 허위였음이 입증되었습니다. 원고에게 냉장고 값을 배상할 것을 냉장고 회사 측에 요구합니다.

냉장고에 보관한 모든 음식이 안전하다고 광고한 회사 측의 광고는 허위 광고로 인정됩니다. 음식을 오래 보관하지 않고 곰팡이가 살기 힘든 환경을 만드는 것이 곰팡이 발생을 막는 가장 좋은 방법입니다. 원고가 피고 측에서 판매하는 냉장고를 산 것은, 냉장고 안에 넣어 둔 음식에는 곰팡이가 피지 않는다는 광고를 보고 냉장고 안에 빵을 보관하기 위해서였습니다. 그러므로 회사 측에서는 원고에게 냉장고 값 전액을 변상해야 할 것입니다. 이상으로 재판을 마치겠습니다.

재판이 끝난 후 냉장고 회사는 김주부 씨에게 피해 보상을 했다. 그리고 허위 광고를 한 것에 대해 사과하고, 냉장고 안에 넣어 둔 음식에서도 곰팡이가 생길 수 있다는 사실을 광고를 통해 밝혔다.

이온

양 또는 음의 전기를 띠는 원자를 이온이라고 하는데, 전극을 꽂았을 때 양극으로 향하는 것을 음이온, 음극으로 향하는 것을 양이온이라고 한다.

짠맛 마니아

짠 음식을 먹으면 왜 목이 마를까요?

김석음 씨는 짠맛 마니아다. 이름도 소금과 비슷한 석음. 김석음 씨는 짠맛과의 인연은 하늘이 정해준 것이라고 믿고 짠맛에 열광하기 시작했다. 한때 매운맛이 유행처럼 퍼진 적이 있었지만 그에게 짠맛은 한때 즐기는 맛이 아니라 언제나 함께하는 떼려야 뗄 수 없는 존재였다.

"여기요 주문받아 주세요."

"네, 뭐 드시겠습니까?"

"커피 주시고요. 프림 셋에 커피 셋, 그리고 소금 셋이요."

"소금이요?"

"네, 소금 셋으로 해 주세요. 설탕은 넣지 마시고요."

커피를 마시러 찻집을 가서도 석음 씨의 짠맛 사랑은 식지 않았다. 그래서 항상 석음 씨의 친구들은 그런 그의 식성을 엽기적이라며 놀리기 일쑤였다.

"야야. 너희들이 아무리 그래도 나에게는 짠맛뿐이야. 특히 짠맛을 먹고 나서 마시는 한 모금의 물맛은 상상을 초월한다니까. 너희들도 한번 해 봐."

"됐다, 됐어. 그런 건 너나 해. 권해 줄 게 따로 있지. 한창 웰빙웰빙 하면서 짠 음식은 기피하고 있는데 너는 참, 정말 특이하다, 특이해."

석음 씨는 오히려 짠맛의 묘미를 모르는 친구들을 이해할 수 없었다. 어느 날 학교를 마치고 집으로 가던 중 한 음식점 간판이 석음 씨 눈에 띄었다.

세상에서 제일 짠 집. 1인분을 10분 안에 먹으면 주 메뉴 한 달 무료 제공.

'아니, 이곳은 나를 위한 식당인데? 거기다 짠 음식을 한 달 동안 무료로 먹을 수 있다니. 그래! 내일 바로 도전해야겠군.'

김석음 씨는 짠 음식 먹기에 도전할 생각에 기쁘기도 하면서 한때 매운 맛이 유행했던 것처럼 짠맛도 드디어 사람들의 관심을 받는 건가 하는 생각에 설레기도 했다. 다음 날 아침이 되자마자 식당으로 향한 김석음 씨.

"아주머니. 여기가 세상에서 제일 짠 집 맞습니까?"

"호호호, 맞아요. 한 분이세요? 그럼 이쪽으로."

짠 음식을 먹는 거라면 누구에게도 지지 않을 자신이 있던 김석음 씨는 당당하게 식당 안으로 들어섰다.

"그런데 아주머니, 저기 간판에 쓰인 '도전' 말입니다. 제가 도전하고 싶은데요."

"정말요? 자자~ 여러분, 여기 계시는 손님께서 짠 음식 빨리 먹기에 도전하신다고 합니다. 응원의 박수! 네, 그럼 음식이 준비되는 즉시 카운터 들어가겠습니다. 주방장님, 여기 음식 준비해 주세요!"

"자, 여기 음식."

"그럼 10분 스타트 하겠습니다."

김석음 씨는 10분 안에 음식을 먹고 한 달치 식권을 받기 위해 열심히 먹기 시작했다. 하지만 그것도 잠시, 짠맛을 사랑하는 김석음 씨였지만 식당의 이름을 건 이벤트인 만큼 짠맛의 강도는 상상을 초월했다. 석음 씨의 먹는 속도가 점점 느려지기 시작했다.

"10분 경과! 도전에 실패하셨습니다. 아쉽네요."

"네? 아 이런, 성공할 수 있다고 확신했는데…… 어쩔 수 없죠. 뭐 그럼 물이나 좀 가져다주세요. 짠 걸 먹었더니 물이 꽤나 먹고 싶네요."

"손님 저희 식당에서는 물을 한 컵에 300원에 제공하고 있습니다. 주문하시겠습니까?"

안 그래도 도전에 실패해서 속상한 석음 씨에게 물을 한 컵에 300원에 판다는 식당 주인의 말은 그저 황당하기만 했다.

"지금 뭐라고 하셨나요? 물 한 컵에 300원이라고요? 어느 식당에서 물을 돈 받고 판답니까?"

"저희 식당에서는 물을 판매하고 있습니다. 300원을 지불하기 싫으시면 물을 안 드시면 되는 거죠."

"아니 그럼, 이 세상에서 가장 짠 집이라고 간판 걸고 일부러 짠 음식을 팔아서 사람들이 물을 먹고 싶게 만든 다음에 물을 팔면서 이익을 챙기겠다는 겁니까?"

"아니 그럼, 무료로 물을 제공하는 다른 음식점에서 드시면 될 거 아닙니까? 그리고 슈퍼에서도 물을 파는 세상인데 식당에서는 물을 팔지 말라는 법이 어디 있습니까? 손님이 지금 물 값 내는 게 아까워서 이러시는 거면 안 시키시면 되는 거죠."

"이런 황당한 사람들을 봤나. 이런 식으로 물을 팔려고 일부러 짠 음식을 만들었구먼. 이런 나쁜 사람들이 있나! 당신들 매운맛을 좀 봐야겠어!"

식당 주인이 일부러 짠 음식을 팔아 물을 마시고 싶어 하는 사람들을 상대로 악덕 장사를 하고 있다고 생각한 김석음 씨는 그들을 상대로 화학법정에 고소장을 제출했다.

짠 음식을 먹게 되면, 우리 몸은 물의 배설을 억제하고,
물을 흡수를 증가시킵니다. 또 소금을 많이 배설하기도 합니다.
그래서 짠 음식을 많이 먹으면 목이 마르고 물을 먹고 싶은 것입니다.

여기는 **화학법정**

짠 음식을 먹으면 왜 물을 마시고
싶을까요?
화학법정에서 알아봅시다.

재판을 시작하겠습니다. 짠 음식을 먹으면
물을 마시고 싶은 욕구가 생기기 마련인데
짠 음식을 파는 식당에서 돈을 받고 물을 판
매하고 있다는군요. 짠 음식을 먹으면 왜 물을 먹고 싶은 욕구
가 생기는지, 그리고 물을 제공하지 않은 음식점에 어떤 판정
을 내려야 할지 들어 보고 판단하겠습니다. 짠 음식을 판매하
는 피고 측부터 변론하십시오.

음식점에서는 음식을 판매하는 것이 목적입니다. 물을 제공하
느냐 안 하느냐는 영업점마다의 특징이지요. 요즘은 슈퍼에서
도 물을 사서 먹습니다. 음식점에서 물을 판매하는 것도 음식
점의 고유한 권리입니다. 음식점에 들어오는 손님에게 물이나
커피를 테이블까지 가져다주는 곳이 있는 반면에 셀프 서비스
를 요구하는 식당이 있는 것처럼 물 값을 받는 것도 같은 이치
입니다.

짠 음식을 먹으면 물을 마시고 싶은 욕구가 생기는데, 심지어
이 세상에서 가장 짠 음식을 판매하는 음식점에서 물을 제공
하지 않는 것은 문제가 있지 않을까요?

짠 음식을 먹으면 물이 먹고 싶은 것은 개인의 취향이나 개성 아닐까요? 짠 음식을 먹었다고 무조건 물이 먹고 싶은 것은 아닐 겁니다. 뜨겁거나 씁쓸한 음식을 먹었을 때 물을 먹고 싶은 사람이 있기도 하고 음료수를 먹고 싶어 하는 사람이 있기도 한 것처럼 말입니다.

정말 짠 음식을 먹은 후 갈증을 느끼는 사람과 그렇지 않은 사람이 따로 있는 걸까요? 이 의견에 대해서 원고 측 반론이 있습니까?

짠 음식을 먹으면 우리 몸에서 물을 요구하게 되어 있습니다. 짠 음식을 먹고 나면 얼마 지나지 않아 물을 먹고 싶은 욕구가 생기기 마련입니다. 몸 안의 수분 함량에 따라 그 시간의 차이는 있을 수 있지만 대부분 사람들은 물을 먹고 싶어 하지요.

짠 음식을 먹으면 물이 당기는 이유는 무엇입니까?

짠 음식을 먹은 사람들이 대부분 물을 먹고 싶어 하는 이유를 설명하기 위해 증인을 요청합니다. 증인은 소금협회 한짠돌 이사님입니다.

증인 요청을 받아들이겠습니다.

소금 주머니를 등에 메고 끙끙거리며 증인석에 나온 40대 후반의 남자가 증인석 위에 소금 주머니를 내려놓고 그 위에 앉았다.

🙂 짠 음식을 먹으면 물이 먹고 싶은 것은 개인의 취향입니까? 아니면 당연한 것인가요?

😀 짠 음식을 먹으면 당연히 물이 당기지요. 즉 짠 음식 때문에 몸에서 물을 원하는 것이지요.

🙂 그 이유는 무엇입니까?

😀 우리 몸에서 소금, 그중에서도 특히 나트륨은 세포액의 삼투 압을 결정하는 아주 중요한 요소입니다. 소금이 흡수되면, 우 리 몸의 삼투압이 올라가 물이 필요해집니다.

🙂 삼투압이란 무엇이며 삼투압이 증가하면 물이 몸속으로 들어 가서 어떻게 작용하나요?

😀 반투막은 물과 같은 용매 분자는 통과시키지만 설탕과 같은 용질 분자는 통과시키지 못하는 막입니다. 이 반투막을 사이 에 두고 농도가 서로 다른 용액을 넣으면 일정 시간 후 두 용 액의 높이가 달라지는데, 이는 용매가 반투막을 통해 농도가 진한 쪽으로 이동하였기 때문입니다. 이와 같은 현상을 삼투 현상이라고 합니다. 삼투 현상에 의해 나타나는 압력을 삼투 압이라고 하지요.

🙂 삼투 현상이 일어나는 원인은 무엇입니까?

😀 삼투 현상은 반투막을 사이에 둔 두 용액의 농도 차이가 클

수록 강하게 일어나며 용질의 종류와 관계없이 용질의 총 입자 수에 영향을 받습니다. 김치를 담글 때 배추를 소금물에 담가 두면 수분이 빠져나와 부피가 줄어들고 쭈글쭈글해집니다. 또 혈액의 구성 성분인 적혈구는 진한 설탕물에 담그면 쭈그러들고 증류수에 담그면 부풀어 올라 터지는데 이러한 것 또한 모두 삼투 현상에 의해 일어나는 작용들입니다.

그렇다면 우리가 소금이 많이 들어간 짠 음식을 섭취하면 물을 많이 먹고 싶어하는 이유도 삼투 현상으로 설명할 수 있겠군요.

소금이 몸속으로 들어오면, 우리 몸의 삼투압이 올라가 물을 필요로 하게 되는데 특히 세포액에 소금이 증가합니다. 그래서 세포액의 삼투압이 증가하고 삼투압이 높은 쪽으로 물이 이동하지요. 몸속에서 소금의 비중이 계속 높은 상태로 있으면, 세포 내보다 세포액의 삼투압이 높기 때문에 세포 바깥쪽으로 세포 속의 물이 빠져나가고 세포는 쪼그라듭니다. 반면 세포액의 농도가 너무 낮으면 세포 속으로 물이 많이 들어가서 위험해지지요.

그렇다면 소금이 우리 몸에 안 좋은 건가요?

소금을 많이 섭취하면, 우리 몸에서는 두 가지 일을 합니다. 한 가지는 물의 배설을 억제하고, 또 한 가지는 물의 흡수를 증가시키는 겁니다. 또 소금을 많이 배설하기도 하는데 소금을 배설하기 위해서는 물이 꼭 필요합니다. 소금은 물과 함께 배설되지요. 그래서 짠 것을 많이 먹으면 물을 먹고 싶은 것입니다. 따라서 적당한 양의 소금을 섭취하는 것이 가장 좋은 것이지요. 이렇게 소금이 많이 들어 있는 음식을 먹으면 당연히 몸에서 물을 필요로 하는데, 싱거운 음식도 아니고 짠 음식을 판매하는 곳에서 음식 값과 물 값을 따로 받는 것은 영업자의 횡포입니다. 짠 음식을 먹으면 모든 사람들이 물을 마시고 싶기 마련이니 차라리 음식 값에 물 값을 포함시켜 판매하는 편이 낫겠군요. 음식점 주인이 물 값을 따로 받는 것을 당장 금지시켜 주십시오.

 그렇군요. 증인의 말 잘 들었습니다. 사람이 살아가는 데는 물이 꼭 필요하고 특히 짠 음식을 먹을 때는 건강을 위해서라도 물이 필요하다는 것을 알게 되었습니다. 음식점에 들어가서 시킨 요리 값에는 서비스비와 물 값, 식기를 사용하는 비용, 자리 값 등이 모두 포함된 것입니다. 짠 음식을 먹은 후에는 당연히 물을 먹어야 하므로 음식점에서 물을 무료로 제공해야 합니다. 음식을 시킨 손님에게 물 값을 따로 받는 것은 좋지 않은 생각 같군요. 이상으로 재판을 마치겠습니다.

재판이 끝난 후 짠 음식점에서는 석음 씨에게 사과했고 손님들에게 물 값을 받지 않고 무료로 제공했다.

 삼투압

농도가 높은 액과 낮은 액을 반투막을 중심으로 갈라 넣으면 농도가 낮은 쪽으로 용매가 이동하는데, 이때 반투성의 막이 받는 압력을 삼투압이라고 한다.

김치와 소금

왜 김치를 담글 때 배추를 소금에 절이는 걸까요?

최신입은 올해 대학을 졸업하고 막 취직한 사회

초년생이다. 회사가 집에서 멀리 떨어진 지역에 있

었기 때문에 그녀는 난생처음 부모님으로부터 독립

하기로 했다.

'그럼 옷이랑 몇 가지 소지품이랑…… 일단은 간단하게 챙겨 가

고 부족한 건 천천히 사야지.'

"신입아~ 엄마가 뭐 뭐 챙겨 주리? 김치는 가져가야지?"

"아냐 엄마, 됐어. 가서 사 먹든지 하지 뭐. 어차피 나는 김치 별

로 안 좋아해서 잘 먹지도 않잖아. 그냥 둬."

"그래, 알았다."

자취 집으로 옮겨온 신입 양은 가져온 물건들을 정리하기 시작했다.

"자 이제 정리도 어느 정도 됐고 내일부터 출근이니까 얼른 자고 일찍 일어나서 준비해야겠다."

그리고 다음 날 첫 출근을 무사히 마치고 집에 온 신입 양은 저녁거리를 사기 위해 집 앞 마트로 향했다.

"엄마가 해 주실 땐 몰랐는데, 밥 한 끼 차려 먹기가 왜 이렇게 힘들어. 먹고 싶은 게 있어도 어떻게 하는지를 모르니……. 휴…… 그냥 라면하고 즉석식품 몇 개 사 둬야겠다."

음식을 해 본 경험이 없는 최신입 양은 결국 처음 몇 주 동안 저녁을 즉석식품으로 대신했다. 그리고 그것마저 지겨워질 때쯤 라면을 끓여 먹기 시작한 최신입 양은 허술한 식단에 그 어느 때보다 김치가 그리워지기 시작했다.

"아, 매콤하고 시원한 김치찌개 먹고 싶다. 김치만 있으면 김치전도 해 먹고 라면을 먹을 때도 맛있고…… 엄마가 싸 주신다고 할 때 조금이라도 들고 올 걸……."

하지만 월세를 내고 집 안에 필요한 것들을 조금씩 준비하느라 부모님께 받은 돈을 거의 다 써 버린 신입 양은 꼼짝없이 월급날만 기다릴 수밖에 없었다.

"월급날은 아직도 멀었는데 먹는 건 너무 부실하고…… 집 생각

난다."

괜히 서글픈 마음에 밖으로 나온 신입 양은 산책이나 다녀오면 기분이 좀 나아질까 해서 집 밖으로 걸음을 옮겼다. 그리고 10분쯤 걸었을 무렵, 신입 양은 다시 집 근처에 도착했고 집으로 들어가기 위해 발길을 돌리는 찰나 굉장한 것을 발견했다.

바로 벽에 붙어 있는 광고지였다.

김치 절임 최고로 싼 집. 맛보고 결정하세요!

"야호! 이게 웬 횡재야! 이 가격이면 월급날까지 김치는 마음 놓고 먹을 수 있겠는걸! 바로 주문해야겠어! 여보세요?"

"안녕하십니까, 김치 절임 최고로 싼 집입니다~."

"네 여기는 과학법정빌라 103호입니다. 김치 좀 주문하려고요."

최신입 양은 이렇게 해서 김치를 주문했고 김치집에서는 바로 김치를 담그기 위한 준비를 서둘렀다.

"자 내일까지 나가야 하는 분량이 있으니까 서두르자고! 물 받아 놓은 통에 배추 절이게 소금 뿌려 놓는 거 잊지 말고. 일단은 저녁 시간 됐으니까 저녁 먹고 작업 계속하자고!"

하지만 배추를 절일 통에 소금을 뿌려 놓기로 한 직원은 저녁을 먹다가 급하게 퇴근하였고 다른 직원들도 소금 뿌리는 것을 깜빡하여 맹물에 배추를 담근 꼴이 되었다.

"사장님, 김치가 좀 이상한데요~."

"일단은 내일까지 주문자에게 배달해야 하니까 그냥 해."

바쁜 탓에 결국 생배추로 김치를 만들게 된 김치집에서는 포장을 마무리하기 직전에 이 사실을 알게 되었다.

"사장님 어쩌죠? 김치가 이렇게 돼서……."

"뭐 어쩔 수 없으니까 이대로 배달하고 내가 알아서 둘러댈 테니까 일단은 배달해."

때마침 김치가 배달될 시간에 맞춰 퇴근한 최신입 양은 이제 막 담근 김치와 함께 라면을 먹을 생각에 설레기까지 했다.

"드디어 김치를 먹을 수 있게 됐군. 집에 있을 땐 김치는 쳐다도 안 봤는데, 호호호."

"딩동~ 배달 왔습니다."

"네, 나가요!"

"여기 수령했다는 사인해 주시고요. 여기 물건."

물건을 받자마자 김치를 맛보기 위해 포장을 뜯은 최신입 양은 깜짝 놀랄 수밖에 없었다. 생배추로 만든 김치가 떡하니 담겨 있는 것이 아닌가. 화가 난 최신입 양은 바로 김치집에 전화를 걸었고 따지기 시작했다.

"아니, 아주머니. 김치 절임 최고로 싼 집이라고 해서 주문했더니 절임은커녕 생배추로 담근 김치를 보내셨잖아요!"

"학생이 아직 어려서 뭘 잘 모르나 본데 요즘 웰빙 때문에 절이지 않은 배추로 담근 김치가 유행이야. 소금이 몸에 별로 안 좋은 건 알지? 우리는 학생 건강 생각해서 그런 건데……."

"아주머니, 그럼 처음부터 그렇다고 얘기를 해 주시든가요. 전 이 김치 못 먹겠어요. 다시 만들어 주시든지 아니면 환불해 주세요."

"아니, 이 학생이 다짜고짜 이러면 어떡해! 우리는 일부러 생각해서 좋은 김치 만들어 준 건데. 정말 가방 찾아 준 사람 도둑으로 모는 꼴이네."

"아주머니, 이상한 핑계 만들지 마시고요. 계속 이런 식으로 억지 부리시면 법적으로 해결하는 수밖에 없어요!"

최신입 양은 그길로 화학법정으로 달려가 김치집을 고소했다.

배추를 소금에 절이는 건 양념을 무칠 때 배추 속의 물이 새어 나와 질척거리는 것을 방지하기 위해서입니다. 소금은 삼투압 작용을 통해 배추의 수분을 빼앗아 미생물의 생육을 억제하고 유익한 발효 과정을 거치도록 돕습니다. 따라서 김치를 담그기 전에 배추를 소금에 절여야 김치 맛도 좋아지고 오랫동안 저장할 수 있습니다.

여기는 **화학법정**

김치를 담그는 배추는 왜 소금에
절여야 하나요?
화학법정에서 알아봅시다.

재판을 시작하겠습니다. 김치 주문에 문제가
생겼다는데 어떻게 된 일인지 알아보고 판결
을 내리겠습니다. 피고 측 변론하십시오.

원고는 김치를 담가 달라는 주문을 했습니다. 저희 피고가 김
치를 배달했는데 원고는 김치가 마음에 들지 않으니 배상을
해 달라고 하는군요.

배상해 달라는 이유는 무엇입니까?

배추를 소금에 절이지 않았다는 이유입니다.

배추를 소금에 절여야 제대로 된 김치가 되는 것 아닌가요?
배상을 해 줘야 될 것 같은데요.

요즘은 웰빙 시대입니다. 그래서 소금에 절인 배추보다 건강
에도 좋은, 소금에 절이지 않은 배추로 담근 김치를 선호합니
다. 피고가 원고에게 배달한 김치는 소금에 절인 것보다 더 좋
은 김치입니다.

그렇지만 원고가 원한 김치가 아닌 것은 확실하지 않습니까?
소금에 절이지 않은 웰빙 김치가 몸에도 좋다고 하는데 원고
측에서는 소금에 절인 배추를 원하는 이유가 무엇인가요?

배추가 맛있는 김치가 되려면 소금에 절여야 합니다. 원고가 원하는 김치가 아니면 바꿔 주거나 환불해 주는 것이 당연합니다. 소금에 절이지 않은 김치를 판매한다는 말을 미리 했다면 원고는 김치를 주문하지 않았거나 다시 생각해 봤을 겁니다. 김치는 마음대로 만들어 배달하고 돈은 다 챙겼으니 그냥 넘어가자는 식은 인정할 수 없습니다. 영업주의 횡포입니다.

소금에 절인 김치가 더 좋은가요?

소금에 절여서 만든 김치는 여러 가지 장점이 있습니다. 특히 김치를 만들기 전에 배추를 미리 소금에 절이지 않으면 물이 많이 생겨서 김치라고 할 수도 없을 겁니다.

배추를 소금에 미리 절이지 않으면 물이 많이 생기는 이유는 무엇입니까?

김치에서 소금이 어떤 역할을 하는지, 그리고 배추를 소금에 미리 절여 놓지 않으면 왜 물이 생기는지 알아보겠습니다. 변론을 위해 김치연구센터의 맛보아 연구팀장님을 증인으로 요청합니다.

증인 요청을 받아들이겠습니다.

머리에 위생 두건을 쓰고 양손에 비닐장갑을 낀 50대 초반의 여자가 환한 미소를 지으며 김치 통을 머리에

이고 증인석으로 들어왔다.

김치는 우리 선조 대대로 먹어 온 전통음식입니다. 그 역사는 얼마나 되나요?

〈단군신화〉에도 쑥과 마늘이라는 채소가 등장하는 것처럼, 우리 민족은 그 옛날 민족이 뿌리를 내리기 시작하던 시절부터 쌀과 같은 곡류와 함께 채소를 먹어 왔습니다. 〈단군신화〉가 수록된 《삼국유사》는 물론 《삼국사기》에도 채소에 대한 얘기들이 나오는 것을 보면, 고대부터 한반도 전 지역에서 골고루 채소를 먹었던 것이 틀림없습니다. 그러나 사계절이 명확한 한반도에서 일년 내내 채소를 먹을 수는 없었어요. 채소가 자라지 않는 겨울에는 먹을 방법이 없던 거지요. 채소가 자라지 않는 겨울에는 먹을 방법이 없던 거지요. 더욱이 채소는 쌀이나 보리 같은 곡물과 달라 오랫동안 저장할 수도 없고 말려 먹기도 힘듭니다. 이런 문제로 고민하던 조상들은 채소를 소금에 절이는 방법을 알게 되었고 이렇게 절인 채소는 오래 보관할 수 있으며 독특한 맛과 향이 난다는 것을 알게 되었을 것입니다.

김치의 역사가 소금의 역사와 비슷하겠군요.

청동기 문화에 해당하던 고조선 시대부터 소금을 사용했다는 기록이 있으며, 삼국이 건국을 준비하던 무렵에 소금은 화폐처럼 중요한 상품이었다는 기록도 있습니다. 그러니 소금으로 채소를 절이는 방법은 그때부터 널리 사용했을 것입니다. 결국 김치의 원조가 되는 절인 채소들을 그때부터 먹기 시작했다는 얘기니까, 김치의 역사는 짧게 잡아도 2,000년은 된 셈이지요. 부족 국가 시대부터 전해 온 김치는 그야말로 우리문화의 귀중한 유산이자 조상들의 지혜를 엿볼 수 있는 역사적인 음식입니다.

김치를 담그는 데 소금을 이용하는 까닭은 무엇입니까?

채소를 소금으로 절이는 것은 우리나라뿐 아니라 세계 다른 문화권에서도 사용하는 방법입니다. 채소류를 말리는 것은 쉬우나 건조된 상태에서 조리하였을 때 채소 특유의 신선미를 유지하는 것은 어렵습니다. 그러나 소금에 절이면 채소가 연해지며 사각사각 씹히는 맛도 있고 오랫동안 저장할 수 있습니다. 채소와 어패류를 묽은 농도의 소금에 절이면 효소와 세균의 작용으로 아미노산과 젖산이 만들어지는 숙성이 일어납니다. 이것이 김치와 젓갈의 저장 원리지요. 소금은 삼투압 작용으로 수분을 빼앗아 미생물의 생육을 억제하고 유익한 발효 과정을 거치도록 돕습니다. 아미노산이나 젖산 발효는 식품을 보존하고 저장하는 효과도 있지만 뛰어난 맛을 지닌 발효 가공 식품을 만드는 데도 사용됩니다.

소금이 채소에 여러 가지 좋은 영향을 미치는군요. 그런데 배추로 김치를 만들 때 소금을 넣지 않아 원고에게 배달된 배추에 물이 많이 생겼다고 하는데 그 이유는 무엇인가요?

북쪽으로 갈수록 김치는 싱거워지며 남쪽으로 갈수록 짜집니다. 남쪽 지방은 기온이 높아 사람들이 땀을 많이 흘리고 그만큼 염분을 많이 배출하기 때문에 염분을 보충하기 위해 김치에 소금을 많이 넣지요. 이와 달리 북쪽 지방 사람들은 날씨가 덥지 않아 땀을 적게 흘리기 때문에 김치에 소금을 많이 넣지 않아 달착지근한 맛을 띠게 됩니다. 그런데 소금은 배추 밖에 있으니 배추 안에 있는 물기가 삼투압 작용에 의해 밖으로 나오게 됩니다.

삼투압 작용이 일어나서 소금이 배추의 수분을 빼내는 것이군요.

그렇습니다. 삼투압 현상이란 주로 식물이 물을 빨아들일 때 나타나는 현상인데요, 전체 농도 중 자신과 농도가 같거나 높은 곳에서 농도가 낮은 곳으로 이동하려고 하는 현상을 말합니다. 예를 들어 지하철 3호선으로도, 6호선으로도 갈 수 있는데 3호선엔 사람이 바글바글하고 6호선엔 사람이 별로 없다면 당연히 6호선으로 가겠죠. 물질의 평형을 위해 넘치는 곳에서 부족한 곳으로 가는 겁니다. 배추를 절이는 건 양념을 무쳤을 때 배추가 숨이 죽어 배추 속의 물이 새어나와 질척거리는 것을 방지하기 위해 미리 절여서 숨을 죽이는 겁니다. 절

인 배추와 안 절인 배추는 익는 속도도 다릅니다. 유산균은 소금기가 적은 곳에서 활발하게 활동하기 때문에 소금을 팍팍 쳐 버리면 유산균이 활동하기 힘듭니다. 그렇다고 소금에 절이지 않고 그대로 양념에 김치를 담그면 미리 빠지지 못한 수분이 나중에 빠지게 되고 배추 안에 양념 맛이 배지 않아 맛이 없는 김치가 되죠. 그러니 맛있게 익은 김치를 만들려면 적당량의 소금을 넣어 적당하게 절여 주는 것이 좋지요.

소금으로 배추를 절여서 김치를 만들면 삼투압 현상에 의해 물이 빠지고 양념이 맛있게 배게 되는군요. 뿐만 아니라 오랫동안 보관할 수 있게 해 주는 등 소금이 배추에 여러 가지 작용을 합니다.

김치를 맛있게 해 주고 저장 시간을 늘려 주는 등 소금이 김치에 여러 가지 이로운 작용을 한다는 사실을 알 수 있었습니다. 김치 회사는 미리 원고에게 배추를 소금에 절이지 않는다는 사실을 알리지 않았으며 원고가 원하는 김치를 배달하지 않았습니다. 따라서 피고는 원고에게 김치 값을 환불하거나 원고가 원하는 김치를 다시 만들어 주어야 할 것입니다. 이상으로 재판을 마치겠습니다.

재판이 끝난 후, 김치집에서는 최신입 양에게 생배추로 김치를 만든 데 대해 사과를 했다. 최신입 양은 사과를 받아들이고, 제대로 된 김치를 다시 만들어 달라고 말했다. 소금에 절이는 과정을 거친 김치를 맛본 최신입 양은 김치집의 김치 맛에 빠졌고 김치집의 단골이 되었다.

 효소와 발효

효소는 생체 안에서 만들어지는 단백질을 중심으로 한 고분자 화합물을 말한다. 효소는 생체의 거의 모든 화학 반응에 관여하므로, 생명 활동과 밀접한 관계가 있다. 또한 효소는 술이나 된장을 만드는 데 쓰이고, 소화제 따위의 의약품을 만드는 데도 쓰인다. 발효는 효모나 세균, 곰팡이 등의 미생물에 의해서 유기 화합물이 분해되어 알코올이나 탄산가스 등으로 변하는 현상을 말한다.

용해와 용액

용해와 용액의 정의는 다음과 같다.

① 용해: 두 종류 이상의 순물질이 균일하게 녹아 용액을 만드는 일
② 용액: 두 종류 이상의 순물질이 균일하게 녹아 혼합된 물질

용액에서 녹이는 물질을 용매라고 하고, 녹는 물질을 용질이라고
한다. 예를 들어 설탕이 물에 녹아 있으면 용질은 설탕이 되고, 용
매는 물, 그리고 용액은 설탕물이 된다.

용액의 종류에는 다음과 같은 것들이 있다.

① 기체 용액: 반응성이 없는 기체나 증기들이 일정 비율로 균일하게
　　　　　섞여 있는 것
　　　　　ex) 공기
② 액체 용액: 기체, 액체 또는 고체를 액체에 용해시켜 만든 것
　　　　　ex)바닷물, 가솔린
③ 고체 용액: 여러 가지 합금 등
　　　　　ex) 놋쇠

용액의 평형

어떤 온도에서 일정량의 용매에 용질이 최대한으로 녹아 있는 용액을 '포화 용액' 이라 하고, 용질이 더 녹을 수 있는 용액을 '불포화 용액' 이라 하며, 용매가 녹을 수 있는 한도 이상으로 용질이 녹아 있는 용액을 '과포화 용액' 이라고 부른다.

용액의 전기적 성질

물 따위의 용매에 녹아 이온이 되는 물질을 전해질이라 하고 이러한 물질의 용액을 전해질 용액이라 하는데, 전해질 용액은 전기가 잘 통하는 성질이 있다. 수용액에서 용질이 거의 전부 이온이 되는 물질을 강한 전해질이라 하는데 염산, 염화나트륨 등이 그 예이다. 또 극히 일부만이 이온이 되는 물질을 약한 전해질이라고 하는데 아세트산 등이 그 예이다.

용매에 녹을 때 이온이 생기지 않는 물질을 비전해질이라고 하고 이러한 물질의 용액을 비전해질 용액이라 한다. 비전해질 용액은 전기가 통하지 않는다.

용해도

어떤 온도에서 용매 100g에 최대로 녹을 수 있는 용질의 g을 '용해도' 라고 한다. 고체의 용해도는 용매와 용질의 종류, 온도에 따라 달라진다.(단, 압력의 영향은 거의 받지 않는다.)

물질의 용해도와 온도의 관계를 나타낸 그래프를 용해도 곡선이라고 하는데 다음과 같은 특징이 있다.

  ⊙ 용해도 곡선상의 모든 점은 포화 상태이다.
  ⓛ 각 온도에서 용해도를 알 수 있다.
  ⓒ 포화 용액을 식힐 때 석출되는 용질의 양을 알 수 있다.

온도에 따라 용해도가 크게 변하는 물질은 순수한 결정을 얻기 위해 포화 용액을 냉각하는 방법을 사용하는데 이를 '재결정법'이라고 한다.

기체의 용해도

기체가 용해될 때는 발열 반응이 일어나며 온도가 낮을수록 기체의 용해도는 증가한다. 또 용해도가 작은 기체의 경우, 일정한 온도에서 일정량의 용매에 용해되는 기체의 질량은 압력에 비례하는데 이를 '헨리의 법칙' 이라고 한다. 헨리의 법칙이 잘 적용되는 기체로는 수소, 산소, 질소, 이산화탄소 등이 있고, 헨리의 법칙이 잘 적용되지 않는 기체로는 이산화황이나 염산암모니아 등이 있다.

기타 화합물에 관한 사건

수국과 백반

흰 수국 꽃에 백반이 쏟아지면 왜 푸른색으로 변할까요?

　　김늠름 씨에게는 7년째 사귀고 있는 여자 친구가
있었다. 7년 전 김늠름 씨는 여자 친구에게 첫눈에
반해 연애를 시작했다.

　　연애 초기 여자 친구는 김늠름 씨와 함께 수국이 핀 길을 가다가
이렇게 말했다.

　　"수국 너무 예쁘다. 하얀 수국이 가득 핀 곳에서 청혼 받고 싶
어."

　　그녀의 이 한마디에 김늠름 씨는 5년 전부터 아는 분의 땅에 수
국을 심은 후, 그것을 관리하기 위해 주말마다 한 번씩 그곳에 내려

가고 있었다.

처음엔 그저 그녀가 좋아해서 시작한 일이었지만, 최근 그녀와의 결혼을 결심하면서 수국이 만발할 때 정말로 그곳에서 그녀에게 청혼하기로 마음먹었다.

그의 정성으로 수국은 한 번도 시들지 않고 매년 더 큰 꽃을 피우며 탐스럽게 자랐다.

'이제 거의 다 된 것 같군. 이 땅 모두를 수국으로 채웠으니 이 수국 밭 한가운데서 청혼한다면 아마도 그녀는 감동의 눈물을 흘리겠지? 하하하! 내가 생각한 거지만 너무 로맨틱하고 멋지다. 난 정말 멋지다니까!'

"어이구, 자네 왔나? 이제 수국이 정말 만발하네. 꽃도 무척 예쁘구먼!"

"당연하죠! 제가 5년 동안 이 녀석들 관리하느라 힘깨나 썼는걸요! 다음 주말이 드디어 대망의 그날입니다!"

"아! 다음 주말에 드디어 청혼하려고? 그 처자는 복도 많구먼. 이렇게 자상한 남자 친구를 두고. 꼭 성공하길 바라네!"

'자, 이제 일주일 동안 수국이 무사히 자라기만을 기다리면 되겠구나.'

일주일 후 5년 동안 계획해 온 청혼을 할 생각에 마음이 부푼 김늠름 씨는 그녀에게 전화를 걸어 주말 약속을 잡았다.

"이번 주말에 나하고 어디 좀 같이 가 줘. 별로 멀진 않으니까."

"그러지 뭐, 그럼 주말에 봐."

특별한 계획이 있다는 것을 들키지 않기 위해 최대한 아무렇지 않게 전화를 해서 약속을 잡는데 성공한 김늠름 씨는 머릿속으로 즐거운 상상을 하고 있었다.

그리고 며칠이 지난 목요일, 땅을 빌려 준 아저씨로부터 급한 전화가 왔다.

"따르르릉~."

"여보세요, 김늠름입니다."

"어이 자네, 여기 수국 밭에 큰일이 났네. 수국 밭 너머에 백반 공장 하나 있는 거 알지? 오늘 백반 공장에서 나오던 트럭 하나가 사고를 내면서 수국 밭으로 백반을 다 쏟아 버렸어. 일단 한번 와 보게."

김늠름 씨는 5년간의 노력이 한순간 수포로 돌아가는 것은 아닌가 하는 걱정에 한걸음에 수국 밭으로 달려갔다.

"아저씨, 어딘가요?"

"이리로 와 보게. 백반 트럭이 여기로 넘어져서 저기까지 백반이 수국을 덮쳤는데 말이야, 워낙에 수국 줄기가 튼튼해서 그런지 백반에 깔려 다친 수국들은 별로 없는 것 같네만, 자네가 5년 동안 온갖 정성을 다해 기른 거라 걱정이 돼서⋯⋯."

"그래도 다행이네요. 이 정도면 뭐 저 계획을 실행하는 데 별 지장은 없을 것 같아요. 아저씨께서 다급하게 전화를 하셔서 저는 무슨 큰일이 난 줄 알고…… 휴~ 저 정도는 괜찮아요."

"하하하! 자네 계획을 내가 다 아니까 오히려 내가 더 걱정을 했지 뭐야. 일하는 사람 급하게 불러내서 미안하네. 어서 가 보게나."

수국의 상태를 확인한 김늠름 씨는 안도의 한숨을 내쉬었다. 그런데 그녀와의 약속을 하루 앞둔 어느 날 또 전화가 걸려 왔다.

"큰일 났네, 큰일 났어! 자네 흰 수국이 다 푸른색으로 변했다네!"

"네? 그게 무슨 말씀이세요?"

"아무래도 그날 수국 밭을 덮친 백반 때문인 것 같네. 그날 이후로 저렇게 변했거든."

"일단 제가 가 볼게요."

'당장 내일인데 이게 무슨 일이람!'

수국 밭에 도착한 김늠름 씨는 놀라지 않을 수 없었다. 자신이 5년 동안 길러 온 흰 수국이 모두 푸른색으로 변해 있는 것이 아닌가! 김늠름 씨는 끓어오르는 분노를 참을 수 없어 당장 백반 공장에 전화를 걸었다.

"저 며칠 전에 백반을 실은 트럭이 수국 밭 앞에서 사고 났던 거 기억하시죠? 지금 당신들이 쏟아 놓고 간 백반 때문에 내가 5년 동안 정성 들여 길러 온 흰 수국이 몽땅 파란색으로 변해 버렸어. 당신들 어떻게 할 거야! 어떻게 할 거냐고? 긴말 필요 없고, 당신들 지금 당장 고소할 테니까 마음의 준비 단단히 해 두는 게 좋을 거야!"

결국 김늠름 씨는 백반 회사를 화합법정에 고소했다.

수국의 꽃잎은 주변 토양이 중성이면 흰색, 산성이면 푸른색, 염기성이면 붉은색을 띕니다. 이렇게 색이 바뀌는 이유는 수국의 꽃잎에 안토시안이라는 색소가 들어 있기 때문입니다.

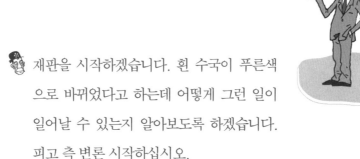

토양의 산성도에 따라 수국의 색이
달라질까요?
화학법정에서 알아봅시다.

재판을 시작하겠습니다. 흰 수국이 푸른색
으로 바뀌었다고 하는데 어떻게 그런 일이
일어날 수 있는지 알아보도록 하겠습니다.
피고 측 변론 시작하십시오.

얼마 전 수국 밭을 지나가던 피고의 트럭이 사고가 나서 트럭
에 실려 있던 백반을 엎었습니다. 트럭 사고는 수습한 후 깨끗
하게 정리됐습니다. 별 문제 없이 사고를 수습한 후 집으로 돌
아갔는데, 며칠 후 피고가 전화를 걸어서는 원고의 수국 밭의
흰 수국이 모두 푸르게 변했다면서 그 책임을 피고에게 덮어
씌웠습니다.

수국 색이 바뀐 것이 피고의 사고 때문인가요?

원고는 수국 색이 바뀐 이유가 피고가 일으킨 트럭 사고 때문
이라고 하지만 피고는 인정할 수 없습니다. 수국 밭에서 트럭
사고가 난 것은 사실이지만 백반을 엎질렀다고 해서 수국 색
이 바뀌었다는 것은 납득할 수 없습니다. 게다가 만약 수국 색
이 바뀐 이유가 백반 때문이라고 해도 백반을 엎지른 직후 수
국 색이 바뀐 것도 아니고 며칠이 지난 지금에 와서야 책임을

지라는 것도 이해할 수 없습니다. 따라서 원고의 주장처럼 피
고의 책임이라고 한다면 피고의 백반 때문에 수국 색이 푸르
게 변했다는 것을 증명해야 할 것입니다.

원고 측은 백반 때문에 수국의 색깔이 흰색에서 푸른색으로
변했다는 것을 입증할 수 있습니까? 원고 측의 변론을 들어
보겠습니다.

사고가 나기 전에는 단 한 번도 수국 색이 푸르게 변하거나 문
제가 있었던 적이 없습니다. 그런데 수국 밭에 백반을 엎은 후
수국 색이 푸르게 변했습니다. 그런데도 피고 측이 백반 때문
에 수국 색이 바뀐 것이 아니라고 한다면 수국 색이 백반 때문
에 바뀌었다는 것을 입증해 보이겠습니다. 생화백화점의 한아
름 소장님을 증인으로 요청합니다.

증인 요청을 받아들이겠습니다.

꽃 모양 핀을 머리에 찌른 50대 초반의 여자가 꽃그
림 원피스를 입고 환하게 웃으면서 증인석으로 들어
섰다.

수국은 어떤 꽃입니까?

수국의 잎은 마주난 달걀 모양인데, 가장자리에는 톱니가 있
습니다. 꽃은 중성화로 6~7월에 피며 10~15cm의 크기고

산방 꽃차례로 달립니다. 꽃받침 조각은 꽃잎처럼 생겼고 4~5개이며, 처음에는 연한 자주색이던 것이 하늘색으로 되었다가 다시 연한 홍색이 됩니다. 꽃잎은 작으며 4~5개이고, 수술은 10개 정도이며 암술은 퇴화하고 암술대는 3~4개입니다. 수국은 장마철 꽃이라고도 부르는데 6월에서 7월경 장마철에 습도가 높아지면 더욱 산뜻한 꽃을 피웁니다. 수국이라는 이름에서도 알 수 있듯 물을 굉장히 좋아하는 꽃으로 절에서 많이 볼 수 있는데 생긴 모양이 부처님 모양 같고 암술·수술이 없어서 정욕을 부르지 않는 꽃이라 절에 심는다는 얘기도 있답니다. 또한 수국은 원래 일본에서 개발된 것인데, 서양으로 건너간 것은 꽃이 더 크고 연한 홍색, 짙은 홍색, 짙은 하늘색 등으로 화려하게 진화했습니다. 옛날에는 꽃을 말려 해열제로 사용하기도 했습니다.

수국의 색이 바뀌는 것은 무엇 때문입니까?

수국의 색이 바뀌는 것은 토양의 산성도에 차이가 나기 때문입니다. 산성도에 따라 산성, 중성, 염기성으로 나뉘는데 수국의 색은 산·염기 반응에 의한 결과이지요.

원고의 수국은 지금까지 5년 동안 계속 흰색이었습니다. 원고가 토양에 특별한 성분을 첨가하지 않았는데 푸른색으로 바뀐 이유는 무엇입니까?

그동안 수국이 흰색이었던 것은 토양이 중성이었기 때문입니

다. 그런데 백반을 엎지른 후 토양이 산성화되었기 때문에 수
국의 색이 바뀐 것입니다. 수국은 산성 토양에서 푸른색으로
바뀝니다. 산·염기 반응에 의한 결과이지요.

산·염기란 무엇입니까?

수용액에서 수소 이온을 내는 물질을 산이라 하고 수산화이
온을 내는 물질을 염기라 합니다. 산과 염기는 각각 특수한
성질이 있습니다. 산의 공통적인 성질은 수소 이온에 의해 나
타나는데 신맛이 나고 금속과 반응하여 수소를 발생시키며
염산, 황산, 질산, 아세트산, 탄산 등이 있습니다. 염기의 공
통적인 성질은 쓴맛이 나고 단백질을 녹이므로 만지면 미끈
거리며 수산화나트륨, 수산화칼륨, 수산화칼슘, 암모니아수
등이 있습니다. 산과 염기는 지시약이 변하는 색깔에 의해 구
별됩니다.

산성도에 따라 지시약의 색이 어떻게 바뀝니까?

여러 가지 지시약이 있는데 리트머스 용액은 산성에서 붉은
색, 중성에서 보라색, 염기성에서 푸른색으로 변하고, 페놀프
탈레인 용액은 산성과 중성에서 무색, 염기성에서 붉은색으로
변하며, BTB 용액은 산성에서 노란색, 중성에서 녹색, 염기
성에서 푸른색으로 변합니다. 그리고 메틸 오렌지 용액은 산
성에서 붉은색, 중성과 염기성에서 노란색으로 바뀝니다.

수국은 토양의 산성도에 따라 어떤 색으로 변합니까?

수국은 산성도에 따라 그 색이 변하는 신기한 꽃입니다. 수국의 꽃잎은 주변 토양이 중성이면 흰색, 산성이면 푸른색, 염기성이면 붉은색으로 변합니다. 만약 흰색 수국 주위에 산성인 백반을 뿌리거나 묻힌 다음 그 주변에 물을 주면 꽃이 푸른색으로 변하고 염기성인 잿물이나 석고 가루를 뿌리고 물을 주면 붉은색으로 변합니다.

수국이 산성도에 따라 색깔이 변하는 이유는 무엇입니까?

수국이 산성도에 따라 색이 바뀌는 이유는 수국의 꽃잎에 '안토시안'이라는 색소가 있기 때문입니다. 이 안토시안은 알칼리성 토양에서는 붉은색으로, 산성 토양에서는 푸른색으로 변합니다. 실제로 수국의 꽃잎을 잿물에 넣으면 붉은색으로 변하고, 식초에 넣으면 푸르게 변합니다. 중성 토양에서는 수국의 색이 흰색, 녹색 등 몇 종류의 색깔을 띠지만, 그 색깔은 수국의 유전자에 따라 약간의 차이가 있을 수 있습니다.

그렇다면 수국을 심은 밭에 백반을 뿌려서 토양이 산성화됐기 때문에 수국 색이 푸른색으로 변한 것이군요. 그렇다면 수국 색이 푸르게 변한 것은 백반 공장의 트럭 사고 때문이라는 것이 밝혀진 셈이네요. 지금까지 피고 측은 수국 색이 변한 것에 대한 책임을 회피하려고 했지만 더 이상의 책임 회피는 용납되지 않습니다. 원고는 이번 주말에 평생을 함께할 여자 친구

에게 수국 꽃밭에서 청혼을 하려고 했습니다. 청혼한 날만을 기다려 오다, 이번에 5년 동안 기른 수국 꽃이 모두 푸른색으로 바뀌었기 때문에 흰 수국 꽃밭에서 청혼하려 했던 원고의 꿈은 물거품이 되고 말았습니다. 물론 푸른색 수국 꽃밭에서 청혼하면 되지 않겠냐고 말씀하실 수도 있겠지만, 여자 친구가 원하던 색은 원래 흰색이었으므로 피고는 원고의 계획에 큰 차질을 빚은 데 대한 책임을 져야 합니다. 원래대로 흰 수국을 만들어 놓든지 아니면 푸른색 꽃밭에서 청혼하는데 도움이 될 수 있도록 아름다운 조명을 설치해 주십시오.

수국 꽃이 푸르게 변한 원인은 백반에 의한 것으로 판명되었기 때문에 피고 측은 수국 꽃이 푸르게 변한 것에 대한 책임을 져야 합니다. 원고 측은 수국 꽃을 다시 흰색으로 되돌릴 수 없다면 조명이라도 설치해 달라고 요구하고 있습니다. 토양을 다시 중성으로 만들면 흰색 수국으로 바뀔 수 있겠지만, 토양을 다시 중성으로 되돌리기 어렵다면 조명을 설치하는 것도 좋은 방법이겠군요. 이상으로 재판을 마치겠습니다.

재판이 끝난 후, 백반 공장에서는 판결대로 수국 밭에 조명을 설치해 주었다. 그러나 수국이 푸른색으로 변하는 바람에 청혼의 시기를 놓친 김늠름 씨는 결국 수국 밭이 아닌 다른 곳에서 청혼을 했다. 그러나 그동안의 사정을 알게 된 여자 친구는 김늠름 씨의 정성

에 감동해 청혼을 받아들였다. 그 후 둘이 함께 수국 밭을 다시 가
꾸어 흰 수국 흐드러지게 핀 밭에서 결혼식을 올릴 수 있게 되었다.

 리트머스 시험지

리트머스 시험지는 리트머스 수용액으로 물들인 종이다. 산성 또는 염기성을 검사하는 데 쓰이며,
붉은색과 푸른색 두 가지가 있다. 붉은색 리트머스 시험지를 염기성 용액에 담그면 푸른색으로 변하
고, 푸른색 리트머스 시험지를 산성 용액에 담그면 붉은색으로 변한다.

과일 다이어트

과일이 차가워지면 더 맛있어진다는 게 사실일까요?

인터넷에는 오늘도, 어제와 같은 내용의 글들이 올라오기 시작했다.

"저도 과일 다이어트 드디어 시작합니다! 무슨 과일이 좋을까요?"

"과일 다이어트 3일째, 효과가 있는 것 같아요!"

오늘도 다이어트 인터넷 동호회와 카페에 과일 다이어트에 대한 글들이 수십 개씩 올라왔다. 그냥 굶거나 맛없는 다이어트 식품을 먹으며 하던 종전의 다이어트 방식과 비교해 맛있는 과일을 먹으며 하는 다이어트는 체중을 감량하고자 하는 사람들의 마음을 금세 사로잡았다. 그리하여 남녀노소 할 것 없이 다이어트를 하고자 하는 사람들은 대부분 과일 다이어트를 시작했다. 전문가들은 과일의 단맛을 내는 당 성분이 체중 감량에 도움이 되지 않는다고 주장했지만 이미 돌풍을 몰고 온 과일 다이어트를 막을 길은 없었다. 더군다나 과일의 단맛에 서서히 중독된 젊은이들이 늘면서 과일 다이어트 바람은 더욱 거세졌다. 이를 유심히 지켜보는 한 사람이 있었으니…… 그는 정말커 기업의 김 이사였다.

"음…… 요새 과일 다이어트가 굉장한 인기로군. 송 대리, 과일 다이어트 하는 사람들의 연간 소비 규모를 한번 조사해 주겠나?"

김 이사는 요전에도 몸에 좋은 야채 먹는 것을 꺼려 하는 아이들을 위해 야채를 이용한 쿠키, 햄버거 등을 파는 레스토랑을 기획하여 돌풍을 일으켜 그 덕분에 이사로 승진하였다.

"과일 다이어트 열풍이라…… 느낌이 오는군."

김 이사는 젊은이들 사이에 과일 다이어트 문화가 꽤나 깊게 뿌리 박혀 있으며, 그 시장 규모 역시 상상을 초월할 정도로 크다는 보고를 받고 새로운 사업을 구상하기 시작했다.

"그래 이거야, 과일 레스토랑!"

"송 대리, 과일 다이어트가 이토록 인기가 많은 이유가 대체 뭔가?"

"설문 조사 결과 '맛있다'는 이유가 1위였고 '손쉽게 구할 수 있고 따로 요리할 필요가 없다'는 이유가 2위였습니다. 이상 두 가지 이유가 90% 이상을 차지하는 압도적인 이유였습니다. 그리고 설문 조사에 참여한 학생들 몇 명을 상담한 심리 상담가와 식품 전문가들은 젊은이들이 단맛에 중독돼 가고 있다는 의견을 내놓았습니다."

"단맛 중독이라…… 역시 그런 이유가 있었군…… 그럼 저번달에 계획된 어린이 레스토랑 사업을 전면 수정해 그곳을 과일 레스토랑으로 오픈하겠네. 일을 진행시켜 주게나. 그리고 추가로 과일의 단맛을 극대화할 수 있는 방법에 대해서도 알아 오게."

한 달 후 김 이사의 계획대로 과일 레스토랑이 문을 열었다.

'세계 최고의 과일 맛을 보여 드립니다' 라는 슬로건을 내건 레스토랑은 예상대로 개업 첫날부터 과일을 맛보러 온 젊은이들로 북적거렸다.

모든 일이 자신들의 예상대로 진행되고 있음을 확인한 김 이사와 송 대리는 레스토랑을 떠나기 위해 차로 향했다. 하지만 그 순간 레스토랑의 매니저가 급하게 김 이사와 송대리를 찾았다.

"송 대리님! 큰일 났습니다. 지금 손님들이 왜 신선한 과일을 내오지 않느냐며 크게 항의하고 있습니다."

"아니 그게 무슨 소린가? 과일 레스토랑에서 신선한 과일을 내가지 않는다니! 송 대리 이게 무슨 말인가!"

"일단 매장으로 들어가시죠."

매장으로 들어선 김 이사는 생각지도 못했던 고객들의 항의에 몸시 당황했다.

"그쪽이 지배인인가요?"

"네, 무슨 일 때문에 이러십니까?"

"좋은 과일을 맛보기 위해 레스토랑을 찾았는데 이게 뭡니까? 신선한 과일은커녕 냉장 보관된 과일만 나오고 있지 않습니까? 세계 최고의 과일 맛을 보여 준다기에 왔는데 오히려 신선도가 떨어진 오래된 과일만 내오고 있잖아요. 저뿐만 아니라 레스토랑을 찾은 많은 사람들이 이런 불만을 품고 있으니 전액 환불해 주세요."

"이사님, 제가 이분께 설명드리겠습니다. 손님. 과일은 냉장 보관 후 차가운 온도에서 드셔야 더 맛있습니다. 저희는 고객님들께 최고의 맛을 선사하기 위해 그런 것입니다."

"지금 무슨 헛소리를 하는 겁니까? 과일이 신선할수록 맛있지, 차가울수록 맛있다는 게 말이 됩니까? 참 기가 차서."

"이사님, 이게 바로 제가 조사한 당도를 극대화하는 방법입니다. 과일은 차가울수록 맛이 좋다고 확신합니다."

"당신들, 지금 과일의 관리 소홀을 이런 식으로 어물쩍 넘어가려는 거야? 이런 식으로 장사하면 안 된다는 걸 보여 주지. 당신들 화학법정에 고소하겠어!"

과일 속에서 단맛을 내는 과당은 알파 과당과 베타 과당
두 가지 형태로, 온도가 내려가면 단맛이 강한 베타 과당이 많아지며
반대로 온도가 올라가면 단맛이 약한 알파 과당이 많아집니다.
따라서 과일을 차갑게 하면 같은 과일이라도 더 달게 됩니다.

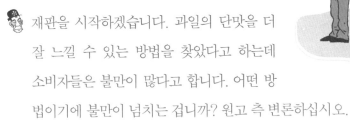

차가운 과일이 더 달다는 게 사실일까요?
화학법정에서 알아봅시다.

재판을 시작하겠습니다. 과일의 단맛을 더
잘 느낄 수 있는 방법을 찾았다고 하는데
소비자들은 불만이 많다고 합니다. 어떤 방
법이기에 불만이 넘치는 겁니까? 원고 측 변론하십시오.

얼마 전 오픈한 과일 레스토랑에서는 신선한 과일을 내오지
않고 냉장 보관된 과일을 손님들에게 내오고 있다고 합니다.
과일의 가치는 신선도에 달려 있다고 해도 과언이 아닌데,
과일의 신선도조차 지키지 않는 레스토랑은 영업 금지 처분
을 내려야 하는 게 아닐까요? 비싼 돈을 내고 찾은 과일 레
스토랑에서 제대로 된 과일 맛도 못 보고 나와야 한다니 이
얼마나 억울한 일입니까? 영업을 계속하도록 놔둔다면 피해
를 입는 소비자가 자꾸 많아질 것입니다. 항의를 하는 손님
에게는 돈을 받지 말아야 하며 제대로 된 신선한 과일을 내
오지 않는다면 영업을 계속 할 수 없도록 조치를 취해야 합
니다.

냉장 보관을 하면 과일 맛이 떨어진다는 것이 사실입니까? 레
스토랑을 운영하는 피고 측에서는 과일 맛을 더욱 살리기 위

해 냉장 보관을 한다고 하는데 어떻게 된 일인지 알아보겠습니다. 피고 측 변론하십시오.

피고는 과일 레스토랑을 오픈하면서 어떻게 하면 사람들이 과일을 더 맛있게 먹을 수 있을까를 연구했습니다. 그 결과 과일을 냉장 보관하면 단맛이 더 강해진다는 사실을 알아냈습니다.

과일의 단맛을 더 강하게 할 수 있는 방법이 있습니까?

그렇습니다. 그 원리에 대해 말씀드리지요. 과일연구소의 나맛나 소장님을 증인으로 요청합니다.

증인 요청을 받아들이겠습니다.

수박 모양 모자에 참외 모양 귀걸이를 한 50대 후반의 여자가 멜론 그림이 그려진 가방을 들고 과일 세트 모양의 치마를 입고 증인석으로 들어왔다.

똑같은 과일을 더 달게 만드는 방법이 있습니까?

냉장고에서 막 꺼내 차가운 상태로 먹으면 단맛을 더욱 강하게 느낄 수 있습니다.

그 이유는 무엇입니까?

과일 속에서 단맛을 내는 물질은 과당입니다. 단맛을 내는 이 과당은 수용액에서 알파 과당과 베타 과당 두 가지 형태로 존재합니다. 그런데 베타 과당이 알파 과당보다 안정된 구조여서 알파 과당은 열을 방출하면서 베타 과당으로 변하는 성질이 있습니다. 그런데 두 물질의 비율은 온도에 따라 달라집니다. 온도가 높아지면 르샤틀리에의 '평형 이동 원리'에 의해 알파 과당의 비율이 높아지며, 온도가 내려가면 베타 과당의 비율이 높아집니다. 이때 베타 과당이 알파 과당보다 세 배쯤 더 달기 때문에 혀에 과육이 닿을 때 우리는 이들 성분의 평균 단맛을 느끼게 되는 겁니다.

 르샤틀리에의 '평형 이동 원리'란 무엇입니까?

평형 상태에 있는 화학 반응의 농도, 온도, 압력 등 반응 조건을 변화시키면 그 변화를 감소시키려는 쪽으로 반응이 진행되어 새로운 평형에 도달하는데, 이것을 '평형 이동 법칙' 또는 '르샤틀리에 원리'라고 합니다. 처음에 평형 상태에서 농도, 압력, 온도를 변화시키면 평형이 깨어지면서 정반응이나 역반응이 일어나 새로운 평형에 도달하게 되는 것입니다.

르샤틀리에의 원리에서 평형 이동이 일어나는 원인은 무엇입니까?

평형 이동에 영향을 미치는 요인에는 농도, 온도, 압력 등이 있으며, 이때 촉매는 평형을 이동시키지 못하고 단지 반응 속도만 달라지게 할 뿐입니다. 평형 상태의 반응에서 반응 물질

을 더 넣어 주거나 생성 물질을 제거하면 생성 물질이 증가하는 평형 이동이 일어나고, 반응 물질을 제거하거나 생성 물질을 넣어 주면 반응 물질이 증가하는 역반응 쪽으로 평형이 이동합니다. 압력을 높이면 기체의 양이 감소하는 방향으로 평형 이동하고, 압력을 낮추면 기체의 양이 증가하는 방향으로 평형 이동합니다.

과일의 단맛을 느끼는 것도 르샤틀리에의 원리 때문이라고 했는데 농도, 압력, 온도의 영향을 받은 것입니까?

과일의 단맛은 온도에 영향을 받습니다.

온도에 따라 어떻게 단맛이 달라집니까?

평균 단맛, 다시 말해 알파 과당과 베타 과당의 비율이 온도에 따라 달라지므로 과일의 단맛도 온도에 따라 변합니다. 온도가 내려가면 과일 속에 단맛이 강한 베타 과당이 많아지며, 반대로 온도가 올라가면 단맛이 약한 알파 과당이 많아집니다. 그러므로 과일을 차갑게 하면 과일을 더 달게 먹을 수 있습니다.

그럼 과일을 아주 차갑게 하면 더 달게 느껴지겠군요.

과일의 온도를 낮출수록 달다고 해서 무조건 온도를 낮추면 안 됩니다. 과일을 꽁꽁 얼리면 혀의 감각 세포가 둔해져 오히려 단맛을 느끼지 못하기 때문입니다. 그러므로 적당한 온도로 낮추어야만 단맛을 잘 느낄 수 있어 과일을 더욱 맛있게 즐길 수 있습니다.

 과일의 맛은 온도에 따라 달라집니다. 사람의 혀는 알파 과당보다 온도가 낮을 때 많이 생기는 베타 과당을 훨씬 달게 느낍니다. 그렇기 때문에 같은 과일이라도 베타 과당을 많이 만들기 위해 차가운 냉장고에 보관해 두었다 먹는 것이 과일을 맛있게 먹는 방법입니다. 과일 레스토랑에서는 손님들이 과일의 단맛을 더 많이 느낄 수 있도록 과일을 차갑게 보관하여 서비스하는 것입니다. 이 같은 사실을 잘 모르는 손님들도 이제 차가운 과일이 더 맛있다는 것을 알게 됐으니 과일 레스토랑을 더 많이 이용해 주셨으면 합니다.

일반적으로 사람들은 무조건 갓 수확한 신선한 과일만 좋다고 생각하는데 냉장 보관한 과일을 먹는 것이 과일을 더 달게 먹을 수 있는 방법이군요. 과일 레스토랑에서 냉장 보관한 과일을 내놓은 이유를 이제 모두 이해했을 것입니다. 앞으로도 지금처럼 맛있는 과일을 내놓고 고객 분들께 더 좋은 서비스를 할 수 있는 고급 레스토랑이 되어 더욱 번창하길 빕니다. 이상으로 재판을 마치겠습니다.

재판이 끝난 후, 냉장 보관을 통해 시원해진 과일이 더 맛있다는 것을 알게 된 손님들은 화학법정에 고소한 것에 대해 사과했다. 그후 과일 레스토랑은 점점 더 번창했고 인기가 좋아져 체인점 신청

이 물밀듯이 쏟아졌다. 또한 연인들이 꼭 들리는 데이트 코스로도
각광을 받게 되었다.

 과당

과당은 꿀이나 과일 속에 들어 있는 단당으로, 과즙·벌꿀·자당 등에 특히 많이 들어 있다. 당류 중
에서 가장 달며, 당 대사에 있어 중요한 구실을 하는 것에는 알파 과당과 베타 과당 두 종류가 있다.

원자량이 왜 소수로 나오죠?

원자량과 평균 원자량은 어떻게 다를까요?

"너희들 요번에도 꼴찌야. 이번 중간고사는 그냥 넘어가지만 기말고사 때는 각오해."

법정중학교 2학년 3반. 선생님들 사이에선 정말 특이한 반이라고 소문이 자자했다. 그 이유인즉슨, 국영수를 비롯한 주요 과목 및 기타 예체능 과목에선 무조건 1등을 하는 반. 하다못해 체육 대회를 해도 꼭 1등만 하는 반이었지만 과학만은 항상 꼴찌를 하는 반이었기 때문이다.

특히나 2학년 3반을 맡고 있는 담임선생님은 정말 면목이 없었다. 담당 과목이 화학이었기 때문이다. 그래서 담임 선생님은 기말고사 때는 과학 성적을 조금이라도 끌어올려 보자는 생각에 강수를 두었다. 바로 중간고사 때보다 성적이 떨어진 학생은 떨어진 점수 만큼 토끼뜀으로 운동장을 도는 것이었다.

"야, 큰일이야. 점수 1점만 떨어져도 그게 어디야. 벌써 운동장 한 바퀴라고."

"그러게, 진짜 죽기 아니면 까무러치기야. 무조건 점수 올려야 한 다니까."

"야, 근데 중간고사 때 유일하게 우리 반에서 100점 맞은 반장은 어떻게 하냐? 난감 그 자체일 거야. 기말고사 때도 100점을 맞아야 하다니. 세상에 이런 부담이 또 어디 있겠니? 하하하."

"그래도 기말고사 때까진 시간이 좀 있으니까 천천히 공부하면 서 이번엔 정말 점수 좀 올려 봐야겠다."

하지만 기쁨의 시간은 잠시이고 고통의 시간은 금방 찾아오는 법. 방학이 후딱 지나가는 것도 같은 이치인 것이다. 시간은 훌쩍 지나 어느새 기말고사 기간이 되었다.

2학년 3반의 반장. 박최고는 걱정의 나날을 보내고 있었다. 바로 내일 있을 기말고사 때문이었다.

'하필이면 중간고사 때 100점을 맞아 가지고 이 고생을 하다니. 반장 체면에 토끼뜀으로 운동장 도는 건 진짜 자존심 상하는 데…… 걱정이 태산이네…… 그래도 이럴 때가 아냐! 어서 하나라 도 더 보고 내일 과학 시험에서 어떻게든 100점을 맞아야지.'

과학 책을 보며 최종 마무리를 하는 박최고. 자신 없는 부분부터 마무리하기 위해 화학의 '원자' 단원을 폈다.

'특히 질량 부분이 헷갈린단 말이야. 자자, 천천히 보자. 수소 원자의 질량을 1이라고 하면 다른 원자의 질량은 수소의 배수로 결정된다. OK! 여기까진 확실히 알았고! 그래서 헬륨은 4배가 되니까 원자량이 4가 되고 산소는 16배이므로 원자량이 16이 된다.'

내일 있을 시험을 위해 천천히 정리하기 시작한 박최고는 시험대비를 완벽하게 했다는 생각이 들자 겨우 잠자리에 들 수 있었다.

과학 시험 당일이 되자 벌칙에 대한 걱정이 되긴 했지만 왠지 모를 자신감이 생긴 박최고는 어서 시험을 해치우고 싶은 마음뿐이었다.

"자, 시험 시작한다. 책상 위에 있는 거 다 집어넣고 앞줄에 앉은 사람은 시험지 뒤로."

시험지를 받은 박최고는 회심의 미소를 지었다. 문제를 한번 보니 자신이 아는 문제들만 나온 것 같았기 때문이다. 문제를 풀기 시작한 박최고. 하지만 마지막 문항에서 모르는 문제를 만나게 된 것이다.

'아이씨, 이거 어제 본 건데. 원자의 질량! 난 헬륨과 산소만 봤지…… 탄소의 원자량은 보지 못했단 말이야…… 어떡하지? 반장 체면에 애들 앞에서 운동장 돌게 생겼네…… 그래도 마지막까지 최선을 다하자. 어제 공부했던 대로라면 수소 원자의 질량을 1이라고 했을 때 다른 원자의 질량은 그의 배수가 된다고 했으니까……
대충 찍어 보자. 내 생일이 5월 12일이니까. 그래 12!'

나름대로 최선을 다해 답을 적어 낸 박최고는 불안감에 아무것도
손에 잡히지 않았다.

"자, 과학 시험 답 나왔다. 이 녀석들 기말고사 때 두고 보자고 했
던 내 말 기억하지? 있다가 점수 나오니까 다들 대기하고 있어!"

"1번 답은 3번…… 그럼 마지막 주관식 답은 12.011, 정답 끝!"

자신의 예상대로 마지막 문제를 틀린 박최고. 하지만 뭔가 말이
되지 않는 답이라고 생각했다. 분명 수소 원자 질량의 배수라고 했
는데 답이 12.011, 이건 수소 원자 질량의 배수가 아니었던 것이
다. 혹시 선생님이 틀린 답을 적으신 건 아닐까. 그렇다면 모두가
정답 처리되면서 운동장을 돌지 않아도 될지 모른다고 생각한 박최
고는 한걸음에 선생님께 달려갔다.

"선생님, 과학 마지막 문제 답이 이상합니다. 이건 수소 원자 질
량의 배수가 아닙니다."

"네가 뭘 잘못 알고 있구나."

"제가 잘못 알고 있다니요! 이 문제의 답 분명히 이상합니다. 선
생님, 정답에 오류가 있으니까 모든 답안을 정답으로 처리해 주세
요. 제가 착각하고 있다는 소리는 하지 마세요."

"일단은 선생님 말을 좀 들어 보고……."

"아니요! 선생님 이 한 문제가 제 명예와 제 과학 점수를 좌지

우지하고 있어요. 어물쩍 넘어가실 생각 마시고 확실하게 해 주세요!"

결국 이 문제의 정확한 답을 찾기 위해 선생님과 박최고는 화학 법정으로 향했다.

다른 원소의 원자량은 탄소의 원자량을 12로 놓았을 때의 비율로 나타낸 것입니다. 이와 달리 평균 원자량은 어떤 원소를 이루고 있는 원자 번호는 같으나 원자량이 다른 원소인 동위 원소의 비를 감안하여 평균을 낸 것입니다.

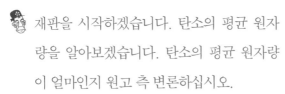

탄소의 평균 원자량은 얼마일까요?
화학법정에서 알아봅시다.

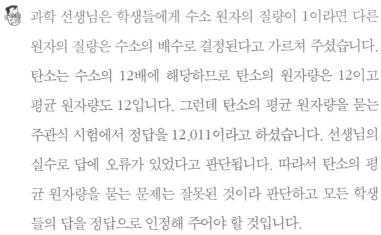

🗿 재판을 시작하겠습니다. 탄소의 평균 원자량을 알아보겠습니다. 탄소의 평균 원자량이 얼마인지 원고 측 변론하십시오.

🗿 과학 선생님은 학생들에게 수소 원자의 질량이 1이라면 다른 원자의 질량은 수소의 배수로 결정된다고 가르쳐 주셨습니다. 탄소는 수소의 12배에 해당하므로 탄소의 원자량은 12이고 평균 원자량도 12입니다. 그런데 탄소의 평균 원자량을 묻는 주관식 시험에서 정답을 12.011이라고 하셨습니다. 선생님의 실수로 답에 오류가 있었다고 판단됩니다. 따라서 탄소의 평균 원자량을 묻는 문제는 잘못된 것이라 판단하고 모든 학생들의 답을 정답으로 인정해 주어야 할 것입니다.

🗿 원고 측은 선생님의 실수로 모든 답안을 정답으로 처리해야 한다고 주장하는데 이에 대한 피고 측의 변론을 들어 보겠습니다.

🗿 소수점까지 정확하게 기록하고 있는 정답을 오답이라고 생각할 수 있을까요? 선생님께서는 정확한 답을 말씀하셨습니다.

🗿 선생님께서 문제를 제출할 때 답을 실수로 기록하지 않았다고 판단하는 근거가 있습니까?

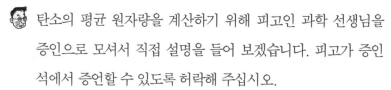

탄소의 평균 원자량을 계산하기 위해 피고인 과학 선생님을 증인으로 모셔서 직접 설명을 들어 보겠습니다. 피고가 증인석에서 증언할 수 있도록 허락해 주십시오.

증인 요청을 받아들이겠습니다.

깔끔한 정장 차림의 과학 선생님이 자신을 고소한 학생에게 탄소의 평균 원자량에 대한 설명을 하기 위해 기꺼이 증인석에 나왔다.

탄소란 어떤 원소입니까?

탄소에는 결정을 이루지 않는 탄소, 흑연, 다이아몬드의 세 가지 상태가 있으며 녹는점은 $3,550\,^\circ\!C$, 끓는점은 $4,827\,^\circ\!C$이며 비중은 $1.8 \sim 2.1$인 원소입니다.

원자량이란 무엇입니까?

원자의 질량입니다.

그냥 질량을 써도 되는데 왜 굳이 원자량이라는 걸 만들었습니까?

우리가 알고 있는 원자 중에 탄소를 예로 들어 설명하겠습니다. 탄소의 실제 질량, 즉 그램 수로 표현해 보면 1.99×10^{-23}g입니다. 말할 때마다 일점구구 곱하기 십의 마이너스 이십삼 제곱 그램이라고 말하기는 참 번거롭지요. 게다가 계산상에도 문제가 생기기 쉽습니다. 소수점 23자리까지 언제 다 계산합니까? 그래서 생긴 것이 원자량입니다.

 원자량은 어떻게 정합니까?

1900년 이전까지는 수소의 평균 상대 원자량을 1로 정한 다음 그 비율에 맞춰서 원자량을 정했습니다. 예를 들어 수소와 산소의 질량비가 1:16이니깐 산소의 원자량은 16이 되는 것입니다. 이때까지는 동위 원소란 개념이 없었습니다. 즉 수소는 다 같은 수소로만 알았고 중수소나 삼중수소의 존재를 몰랐습니다. 지금의 원자량은 탄소의 원자량 12를 기준으로 합니다. 물론 탄소도 동위 원소를 가지고 있지만 여기서 원자량의 기준이 되는 탄소는 자연에 가장 흔하게 존재하는 탄소 원자를 말합니다. 다른 원소의 원자량은 탄소의 원자량을 12로 놓았을 때의 비율로 나타냅니다. 그런데 탄소의 동위 원소 중에는 원자량이 13인 탄소도 있습니다.

탄소의 원자량을 12라고 했는데 질량수가 12가 아닌 탄소가 있으면 탄소의 원자량을 12라고 단정 지을 수 없는 것 아닌가요?

그렇지요. 그래서 쓰이는 것이 평균 원자량입니다.

평균 원자량이란 무엇입니까?

어떤 원소를 이루고 있는 원자 번호는 같으나 원자량이 다른 원소인 동위 원소의 비를 감안하여 평균을 낸 것입니다. 탄소

는 원자량이 12인 탄소와 원자량이 13인 탄소가 있는데, 자연에서 원자량이 12인 탄소의 비율은 98.89%이고 원자량이 13인 탄소의 비율은 1.11%입니다. 이 비율에 맞춰 원자량을 계산하는 것이 바로 탄소의 평균 원자량입니다. 즉 탄소의 평균 상대 원자량은 $(12 \times 0.98892) + (13.003354 \times 0.01108) =$ 12.011이 되지요. 즉 동위 원소 때문에 탄소의 원자량이 12.011이 되는 겁니다.

원자량이 소수점으로 표시되는군요.

평균 원자량을 구하면 소수점으로 표시됩니다. 원자량이 12인 탄소의 원자량을 물었다면 정수 12이지만 전체적인 탄소의 평균 원자량은 12.011이 됩니다. 각각의 원자량은 정수로 나타나지만, 평균 원자량은 이런 이유 때문에 거의 대부분 소수로 표시됩니다.

왜 절대 원자량을 쓰지 않는 건가요?

원자 하나의 원자량은 엄청나게 작기 때문이죠. 그래서 원자의 실제 질량을 나타내면 엄청나게 작은 소수로 나타내야 하기 때문에 불편하지요.

탄소는 한 가지가 아니라 두세 가지 종류가 있습니다. 탄소 동위 원소들은 중성자의 개수가 다르므로 질량에 차이가 납니다. 게다가 탄소의 비가 다르기 때문에 탄소의 원자량을 구하기 위해서는 동위 원소들의 함량 비를 따져 평균 원자량을 구

해야 합니다. 이렇게 평균 원자량을 구하면 탄소의 평균 원자량은 12.011이 나오게 됩니다.

자연에 가장 흔한 탄소의 원자량을 기준으로 상대적인 원자량의 값을 따지고 원자들의 동위 원소의 값을 계산했을 때 탄소는 평균 원자량 12.011을 얻을 수 있음을 알았습니다. 박최고 학생은 아쉽지만 마지막 문제가 틀렸다는 것을 인정해야 합니다. 운동장을 돌 수밖에 없겠군요. 이상으로 재판을 마치겠습니다.

재판이 끝난 후 박최고는 결국 운동장을 돌게 되었다. 다음 시험에서는 꼭 100점을 받겠다고 다짐한 박최고는 그 다음 시험이 있는 날까지 매일 과학 교과서를 끼고 다녔다.

 동위 원소

원자 번호는 같으나 원자량이 서로 다른 원소를 말한다. 1906년에 처음으로 방사선 원소의 붕괴 과정에 의해 발견되었는데, 1911년에 영국의 화학자 소디가 '같은 장소'라는 뜻의 그리스어로 아이소토프, 즉 동위 원소 또는 동위체라고 명명했다.

리퀴드 히터

액체형 손난로는 어떻게 만들까요?

사건속으로

"11월 23일 전국 수학능력 시험 시행!"

나범생의 어머니인 김열성은 올해 수능 시험을 앞둔 막내아들 때문에 걱정이 태산이었다. 부족할 것 없는 성적에, 똑똑한 머리에, 좋은 성격에, 누구나 부러워할 만한 아들이었지만 시험 시간에 너무 긴장을 하는 바람에 곧잘 시험을 망치는 것이 김열성의 걱정이었다. 김열성은 나범생만 생각하면 행여나 또 긴장하는 바람에 시험을 망치는 것이 아닌가 하는 걱정에 하루에도 몇 번씩 한숨을 내쉬었다.

시간은 점점 흘러 겨울이 됐고, 수학능력 시험이 며칠 앞으로 다가오자 김열성은 더더욱 피가 마르기 시작했다.

"이를 어쩌나…… 수능 보는 날 긴장한다고 우황청심환을 먹으라고 했다가 괜히 긴장 풀려서 시험을 망칠 수도 있고…… 아유 진짜 걱정이네."

그러던 어느 날, 앞집 아주머니를 통해 김열성은 귀가 번쩍 뜨이는 소식을 듣게 됐다.

"범생이 엄마! 그 이야기 들었어? 거기 우리 마트 가는 길에 보면 뭐 하나 새로 생겼잖아. 봤어?"

"응 봤지. 그런데 왜?"

"거기가 그렇게 족집게라던데. 무릎확 도사라고. 그냥 잘만 맞히는 게 아니라 처방을 내리는데 그게 그렇게 용하대. 한번 가볼래?"

나범생이 수능을 잘 볼 수 있을까 내심 걱정이 됐던 김열성은 어차피 본전이라는 생각에 무릎확 도사에게 가 보기로 결심했다.

"그럼 오늘 바로 가자. 있다가 점심 먹고 내가 연락할게."

앞집 아주머니와 함께 무릎확 도사를 만나러 간 김열성은 아들이 시험만 잘 볼 수 있다면 어떤 것이든 그대로 할 참이었다.

"자 무슨 일 때문에 오셨는가…… 어, 가만 보자. 아들이 문제구먼."

"네! 네! 제 아들이 올해 고3이라서 수능을 앞두고 있는데 애가 시험 보는 날이면 너무 긴장을 해서 항상 망치는 바람에…… 제가 요즘 고민이 이만저만이 아니에요. 도사님, 저희 범생이 시험 좀 잘 볼 수 있게 방법 좀 알려주세요."

"자~ 보니까 자네 아들은 액체와 함께 있으면 좋구먼. 무조건 액체로 된 뭔가를 몸에 지니도록 해 주게. 시험 날엔 무조건 액체를 몸에 지니게 해!"

그 말을 들은 김열성은 지푸라기라도 잡는 심정으로 액체로 된게 뭐가 있을까 하는 고민에 빠졌다. 괜히 아무거나 가지고 들어갔다가 커닝했다는 오해를 받아 곤란한 상황에 처할 수도 있기 때문이었다.

'수험생들이 꼭 챙겨야 할 것들 중에 생각을 해 보자……'

액체로 된 것이 뭐가 있을까 고민하며 집을 나와 터벅터벅 마트 안을 걷던 김열성 씨의 눈에 확 띄는 것이 있었으니, 바로 '리퀴드 히터'였다.

리퀴드 히터는 팩 안에 액체가 들어 있는 손난로였다. 거기다가 분말형과 달리 가열하면 다시 쓸 수 있다는 점도 마음에 들어 김열성 씨는 몇 개를 구입한 후 그 자리에서 직접 사용해 보았다.

"아니, 이렇게 좋은 게 있다니! 다른 엄마들한테도 알려 줘야겠어. 애들 손 시릴까 봐 하나씩 사 줬던 손난로도 가격을 합하면 꽤 나갈 텐데, 이건 경제적으로도 훨씬 이득이잖아."

리퀴드 히터는 입 소문을 타고 여기저기 퍼져 나갔고, 마침내 나범생이 다니는 학교에서는 고3 학생들을 위해 공동 구매를 하였다.

매년 수험생들을 위해 손난로를 준비해 오던 학교에서 전에 쓰던 분말형 난로 대신 리퀴드 히터로 대신하기로 한 것이었다. 하지만 매년 꾸준히 학교에 물건을 납품하던 분말형 난로 제조 회사에서 올해는 왜 우리 물품을 주문하지 않느냐며, 그동안 싼 가격으로 공급해 왔는데 지금 거래를 끊으면 손해가 이만저만이 아니라며 하소연했다.

결국 학교에선 새로 나온 리퀴드 히터는 다시 가열하면 재활용할 수가 있어 손난로를 리퀴드 히터로 바꾸게 되었다며 사정을 설명했다. 그렇지만 분말형 손난로를 만들던 회사에선 말도 안 되는 소리라고 일축했다.

"아니, 선생님. 그게 어떻게 가능합니까? 손난로는 한 번 사용하면 끝입니다. 거기다 가열을 했던 것을 어떻게 다시 사용할 수 있겠습니까? 그쪽에서 학교를 상대로 사기를 치고 있는 것이 확실합니다. 가만히 있을 수가 없네요. 제가 무슨 수라도 써야겠습니다."

결국 분말형 손난로를 만드는 회사에서는 리퀴드 히터를 만드는 회사가 사기를 친 것이라며 이 회사를 화학법정에 고소했다.

액체형 손난로에 들어 있는 티오황산나트륨 용액은 식어도 약간의 충격만
가해 주면 한꺼번에 고체 결정이 석출되면서 내부의 열을 방출합니다.
따라서 액체형 손난로는 가열하면 언제든지 다시 사용할 수 있습니다.

액체형 손난로는 왜 재활용이 가능할까요?
화학법정에서 알아봅시다.

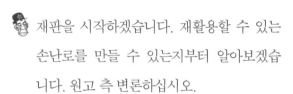

🎓 재판을 시작하겠습니다. 재활용할 수 있는
손난로를 만들 수 있는지부터 알아보겠습
니다. 원고 측 변론하십시오.

🧑 손난로는 분말형 회사 제품이 최고입니다. 존재하지도 않는
액체형 난로를 만들었다는 거짓말을 믿고 역사와 전통을 자
랑하는 분말형 손난로를 구입하지 않는 것은 분말형 회사를
얄팍한 속임수를 쓰는 회사보다도 못한 회사로 취급하는 것
입니다.

🎓 액체형 난로를 개발했다고 하는데 왜 사기라는 것입니까?

🧑 불가능한 것을 만들어 냈다고 하니 손난로를 만드는 회사에
서는 바로잡을 의무가 있습니다. 게다가 재활용해서 사용할
수 있다고 하니 학부모나 학생들이 쉽게 속을 수밖에 없는
것 같습니다. 사람들이 속고 있는 것을 더는 두고 볼 수 없습
니다.

🎓 액체형 난로는 만들 수 없는 것인지 피고 측의 변론을 들어보
겠습니다.

🧑 어린이나 군인 혹은 야외에서 근무하시는 분들에게 휴대

용 난로는 요긴하게 쓰이는 물건이며, 그런 분들에게 휴대
용 난로를 선물하는 것이 큰 인기를 끌고 있습니다. 휴대용
난로는 화학 반응이 일어날 때 방출하는 열을 이용한 것입
니다.

주머니 안의 물질이 화학 물질이란 말씀입니까?

그렇습니다. 주머니 안의 물질들이 화학 반응을 일으키고 이
화학 반응에 의해 열이 발생하는데, 이 열이 우리의 몸을 녹이
거나 따뜻하게 하는 것입니다.

휴대용 난로가 어떤 화학 반응을 일으켜서 열이 발생하고 액
체형 난로는 어떻게 만들어지는 겁니까?

휴대용 난로의 화학적 원리와 액체형 난로에 대해 자세히 설
명해 주실 증인을 모셨습니다. 증인은 발열반응연구소의 한고
온 소장님입니다.

증인 요청을 받아들이겠습니다.

두꺼운 털 코트를 입고 양손에는 주머니 난로를 움켜쥔
50대 초반의 남자가 두 손에 호호 입김을 불며 법정으로
들어와 증인석에 앉았다.

겨울철에 인기가 급부상하는 휴대용 난로는 어떻게 따뜻한 열
을 발생하는 겁니까?

🧑 휴대용 난로는 주머니 안의 화학 물질들이 발열 반응을 일으킬 때 방출하는 열을 이용한 것입니다.

🧑 발열 반응은 어떤 반응인가요?

🧑 물질이 화학 변화를 일으키면 반드시 에너지가 출입하게 됩니다. 화학 반응이 일어나면 반응 물질과 생성 물질의 에너지 함량이 달라져서 그 차이만큼 열에너지를 방출하거나 흡수하지요. 이처럼 화학 반응이 일어날 때 방출하거나 흡수하는 열을 '반응열'이라고 합니다. 발열 반응은 화학 반응이 일어날 때 반응 물질의 에너지 합이 생성 물질 에너지의 합보다 커져 주변으로 열을 방출하는 반응입니다. 발열 반응이 일어나면 반응 물질 내부의 화학 에너지가 열에너지로 바뀌어 외부로 빠져나가므로 주위의 온도가 올라가는 것입니다. 연소 반응, 중화 반응, 금속과 산의 반응, 생물의 호흡 과정, 진한 황산을 묽히는 반응, 수산화나트륨의 용해 반응 등이 발열 반응에 속합니다.

🧑 발열 반응이 있다면 흡열 반응을 하는 것도 있습니까?

🧑 물론입니다. 반응 물질의 에너지 총량이 생성 물질의 에너지 총량보다 작아 주변에서 열을 흡수하는 반응을 흡열 반응이라고 합니다. 흡열 반응이 일어나면 주위의 열에너지가 화학 에너지로 전환되어 생성 물질 내부로 들어가므로 주위 온도가 내려갑니다.

식물의 광합성, 열분해 반응, 전기 분해 반응, 질산암모늄의 용해 반응이 흡열 반응의 예입니다. 이번 사건에서 핵심이 되는 휴대용 난로는 발열 반응을 하여 열을 방출하는 것이 지요.

휴대용 난로의 종류에는 어떤 것이 있습니까? 액체형 휴대용 손난로도 사용되고 있습니까?

일반적으로 사용할 수 있는 휴대용 난로는 어떤 화학 물질을 사용하느냐에 따라 분말형과 액체형 두 가지로 나눌 수 있습니다.

분말형 난로의 화학 반응은 어떻게 일어납니까?

분말형 휴대용 난로는 철분이 공기 중의 산소와 반응하여 산화될 때 방출하는 열을 이용한 것입니다.

못이 공기 중에 녹스는 것도 철이 산화되는 것으로 알고 있는데 그때는 열이 발생하는 것을 느낄 수 없습니다. 그런데 어떻게 철이 산화될 때 열이 방출되는 것입니까?

일반적으로 철이 산화된다고 하면 녹스는 현상으로 알고 있는데, 녹스는 현상은 철이 자연적으로 산화되는 것으로 반응 속도가 매우 느려 방출되는 열을 느낄 수 없습니다. 철 가루에 탄소 가루와 소금 등을 섞어 주면 산화 반응이 빠르게 일어나므로 발생하는 열을 이용할 수 있습니다. 질긴 종이에 철 가루, 수분, 탄소 가루, 염화나트륨 등을 섞은 분말을 넣은 후 주머니를 비벼 공기가 들어가게 하고 잘 섞어 주면 철 가루가 산소와 반응하여 열이 방출되므로 따뜻해집니다.

철의 산화 반응 속도를 빠르게 진행시켜 열의 발생을 촉진하는 원리군요. 그렇다며 액체형 휴대용 난로에서는 어떤 화학 반응이 일어납니까?

액체형 휴대용 난로는 물질의 상태가 변할 때 출입하는 열을 이용한 것입니다. 액체형의 성분은 식초 냄새가 나는 티오황산나트륨 용액으로 보통 고체 상태로 굳어 있지만 가열하여 온도가 높아지면 많은 열을 포함하는 액체로 변합니다. 그런데 이 티오황산나트륨 용액을 그대로 놔두면 서서히 열을 방출하면서 식어 다시 고체 결정으로 석출되는 것이 아니라 그대로 녹아 있는 과포화 상태를 유지합니다. 과포화 상태는 매우 불안정하기 때문에 약간의 충격만 가해 줘도 한꺼번에 고체 결정이 석출되면서 내부에 포함하고 있는 열을 방출해 따뜻해집니다.

과포화 상태의 용액에 어떤 방법으로 충격을 줄 수 있습니까?

액체형 휴대용 난로 속에는 작은 똑딱이 금속 단추가 들어 있는데 똑딱이 금속 단추가 바로 과포화 상태의 티오황산나트륨 용액에 충격을 가하는 역할을 하는 것입니다.

액체형 휴대용 난로는 재활용이 가능합니까?

분말형은 보통 열 시간 이상 열을 방출하지만 철이 한 번 산화

되면서 열을 방출해 버리고 나면 다시 사용할 수 없습니다. 반면 액체형은 열을 방출하는 시간은 짧지만 가열하면 언제든지 다시 사용할 수 있습니다.

추운 겨울에 학생들이나 군인들 혹은 추운 곳에서 일하는 분들을 위해 따뜻한 휴대용 난로를 선물하는 것이 좋겠습니다. 휴대용 난로에서 방출되는 열로 인해 따뜻해지고 액체형 난로는 재활용도 가능하다고 하니 요긴하게 사용할 수 있겠습니다. 분말형보다 액체형 난로가 인기가 있을 법합니다. 분말형 회사는 액체형 휴대용 난로를 재활용할 수 있다는 것을 인정해야 합니다.

분말형 난로뿐 아니라 액체형 난로도 충분히 사용 가능하며 액체형 난로는 재활용이 가능하다는 것도 알 수 있었습니다. 분말형은 따뜻함이 오랜 시간 지속되는 장점이 있고 액체형은 재활용할 수 있다는 장점이 있습니다. 소비자는 필요에 따라 취사 선택할 것이므로 분말형 제품도 어느 정도 인기가 있을 것으로 보이는군요. 그러니 너무 걱정하지 마세요. 이상으로 재판을 마치겠습니다.

재판이 끝난 후, 많은 수험생들이 거의 반반으로 나뉘어 분말형과 액체형 난로를 샀다.

나범생은 액체형 난로를 사서 수험장에 들어갔고, 다행히 시험

에서 떨지 않고, 공부한 만큼 문제를 풀어 원하는 대학에 갈 수 있
었다.

 산화

물질이 타거나 철이 녹스는 것과 같이 물질이 산소와 화합하는 현상을 말한다. 금속이 녹슬거나 음
식물이 몸속에서 분해되는 것은 느린 산화이고, 숯이나 마그네슘 등의 연소는 빠른 산화이다.

세제 안녕 세탁기

세탁기에 세제를 넣지 않아도 빨랫감이 깨끗하게 세탁되는
세탁기를 만들 수 있을까요?

사건속으로

"어제 그 이야기 들었어요? 한여름에 일본에서
눈이 왔대요."

"그래, 작년에 뉴욕은 영하 40℃까지 내려갔대.
뉴욕이 무슨 남극이나 북극도 아니고……."

"그러게요. 정말 큰일이에요. 이렇게 계속 이상 기온 현상이 나타
나서…… 환경 문제에 지금보다 훨씬 더 많은 관심을 기울여야 할
것 같아요."

요즘의 화제는 단연 지구의 이상 기온 현상이었다. 불과 몇 년 전
까지만 해도 사계절이 뚜렷한 나라였는데 어느 순간부터 봄, 가을

이 사라지더니 그것도 모자라 여름, 겨울에도 이상한 날씨가 종종 나타나기 시작했다.

UN에선 앞으로 몇십 년 내에 지구의 날씨가 더욱 이상해질 거라는 보도가 있었고 이런 불안 심리 때문인지 여기저기서 친환경 제품들이 쏟아지기 시작했다. 환경을 걱정하는 우려의 목소리도 점점 높아졌다. 그중에서도 물 부족 국가로 분류된 지구에서는 물에 대한 사람들의 관심이 높아졌고 물을 아껴 쓰고 깨끗하게 쓰자는 여론이 형성되기 시작했다.

이런 여론을 반영하듯 대한민국의 가장 큰 회사인 쌈쏭에서도 친환경 제품을 출시했다.

제품의 이름은 '세제 안녕 세탁기'였다. 사람들은 세제 안녕 세탁기가 뭔지 많은 관심을 보였고 쌈쏭에서는 환경을 고려해 이제부터 세제를 사용하지 않고 세탁할 수 있는 세탁기를 만들어 냈다고 발표했다.

사람들의 반응은 폭발적이었다. 고가인데도 갑작스럽게 변하는 환경에 대한 사람들의 불안 심리가 작용하여 쌈쏭은 그해 창업 이래로 가장 높은 수익을 올렸다. 하지만 이러한 쌈쏭의 성공을 곱게만 보지 않은 사람이 있었으니 바로 쌈쏭의 경쟁사인 엠지 직원들이었다.

"도대체 세제 없이 어떻게 빨래를 한다는 거야?"

"그러게! 아무리 환경도 좋지만 도대체 세제 없이 어떻게 세탁을

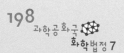

하며 더러워진 세탁물의 때는 또 어떻게 제거한다는 거야?"

"이거 완전 대대적인 사기 아냐? 사람들이야 유명한 대기업에서 그만한 기술을 가진 건 당연하다고 생각하고 철석같이 믿어 주니까 사겠지만, 우리는 솔직히 기술을 개발하는 사람들인데 이게 말이 된다고 생각해?"

"정말 세제 안녕 세탁기 때문에 이래저래 회사 체면이 말이 아닌데, 이거 우리가 나서서 진실을 밝혀야 하는거 아냐?"

엠지의 이러한 움직임은 결국 쌈쑝의 세제 안녕 세탁기에 대한 정식 설명 요구로 이어졌다. 이 소식을 들은 세제 안녕 세탁기 구매자들은 술렁거렸다.

"그러고 보니까 말이 안 되는 것 같기도 해. 어떻게 물로만 빨래를 해?"

"아이고…… 거금 주고 샀는데 이게 뭐야! 완전 사기네 사기!"

쌈쑝은 사람들의 해명 요구에 이건 자신들의 핵심 기술이라며 밝히기를 꺼려 했고 이 때문에 사람들의 의심은 더욱 높아져만 갔다.

"내가 이럴 줄 알았어! 안 사기를 잘했다니까. 빨래는 모름지기 세제를 넣고 팍팍 돌려야 때가 빠지지. 솔직히 옷에 김칫국 한 방울만 튀겨도 어디 그게 물로만 지워지나?"

"듣고 보니 정말 그래!"

사람들은 쌈쑝에 세탁기 구입 비용을 전액 환불해 줄 것을 요구했고, 대기업이 서민들을 상대로 사기를 쳤다며 이런 기업은 다시

는 장사를 못하게 해야 한다고 법원에 탄원서까지 냈다. 이처럼 걷

잡을 수 없이 커진 사태에 쌈쏭 직원들은 핵심 기술이 빠져나가는

한이 있더라도 기술을 밝히겠다고 선포했고 자신들의 신기술을 비

하한 엠지를 화학법정에 고발하기로 결정했다.

이온수를 이용하여 세제 없이 물로만 빨래를 하는 무세제 세탁기가 있습니다. 전기 분해를 하여 만들어 낸 이온수는 표면 장력이 작아 섬유에 잘 스며들기 때문에 때를 제거하는 데 도움이 될 뿐만 아니라 묻어 있는 오물을 분해하고 살균하는 작용까지 합니다.

쌈쏭의 세제 안녕 세탁기의 진실은 무엇일까요?
화학법정에서 알아봅시다.

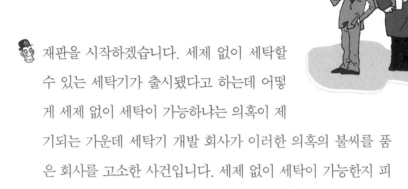

재판을 시작하겠습니다. 세제 없이 세탁할 수 있는 세탁기가 출시됐다고 하는데 어떻게 세제 없이 세탁이 가능하냐는 의혹이 제기되는 가운데 세탁기 개발 회사가 이러한 의혹의 불씨를 품은 회사를 고소한 사건입니다. 세제 없이 세탁이 가능한지 피고 측 변론을 들어 보겠습니다.

혹시 판사님은 비누나 샴푸를 사용하지 않고 머리를 감아 보신 경험이 있습니까? 비누나 샴푸를 사용하지 않으면 머리를 감은 건지 물을 적신 건지 구분이 가지 않을 겁니다. 세탁을 할 때 세제를 사용하지 않는 것은 물로만 머리를 감는 것과 같은 결과를 낳을 것이 분명합니다. 우리나라 주부들이 빨래를 한두 번 하는 것도 아니고 주부 9단 베테랑 아니겠습니까? 주부님들을 대상으로 사기를 치다니 참 간이 배 밖으로 나온 사람들입니다.

세제를 사용하지 않고도 깨끗하게 세탁할 수 있다는 것은 쉽게 납득할 수 없는 말이기는 합니다. 그런데 세제를 사용하지 않고도 세탁할 수 있는 세탁기를 개발하고 판매까지 할 정도면 사기를 너무 드러내 놓고 치는 것 아닐까요? 정말 사기라면 얼마 가지 못해 들킬 것이 분명한데 유명한 회사에서 그런 무모한 짓을 했을까요?

요즘 환경오염 문제가 심각합니다. 따라서 전 세계적으로 환경오염을 줄일 수 있는 방법을 개발하고 있으며 관심도 대단합니다. 이 점을 이용해서 세제를 사용하지 않는 세탁기를 개발했다며 내놓은 것 같은데 그 비법을 공개하지 않는 것을 보면 사기를 치는 것이 틀림없습니다. 이번 기회에 사실을 밝혀야 합니다.

어느 것이 사실인지 밝혀 봅시다. 원고 측에서는 세제 없이 빨래하는 세탁기를 만들 수 있다는 것을 입증해야 할 것입니다. 어떤 원리에 의해 세제 없이 세탁을 할 수 있는지 설명 부탁드립니다.

지금까지 전 세계 주부들은 세제가 있어야만 세탁할 수 있는 세탁기들을 사용하여 왔습니다. 그 많은 사람들의 옷을 세탁할 때마다 세제를 사용한다면 환경이 오염되지 않는 것이 이상한 일일 겁니다. 세제 없는 세탁기의 원리를 설명드리기 위해 원고 측 회사의 개발팀 최고참 이사님을 증인으로 요청합니다.

증인 요청을 받아들이겠습니다.

40대 중반으로 보이는 남자가 한 손에는 깨끗한 물병 을, 다른 한 손에는 세제를 푼 물병을 들고 들어왔다.

 일반적으로 세탁을 할 때 사용하는 세제는 무엇을 말합니까?

 세제란 일상생활에서 몸을 씻거나 그 밖의 섬유 제품·식기· 식품·금속 등 여러 가지 물건의 기름때·먼지·그을음 등을 깨끗이 씻어 내기 위한 목적으로 쓰이는 유기 및 무기 화합물 의 총칭으로 '세척제'라고도 합니다. 대상에 따라 각각의 성 분이 달라지므로 종류 또한 많습니다.

 세제 없이 세탁할 수 있는 세탁기가 개발된 것이 사실입니까?

 이온수만 만들면 세제 없이 물만으로도 빨래를 할 수 있는 무 세제 세탁기가 있습니다. 저희 연구팀은 전기 분해한 이온수 가 폐수의 유기 물질을 깨끗이 제거하는 것에서 착안한 특수 세탁기를 개발했습니다. 이온수를 이용해 빨래하는 세탁기로 놀라운 세척 효과를 확인할 수 있었습니다.

 이온수의 어떤 성질이 옷감의 때를 없애는 것입니까?

 아쉽게도 아직 이온수의 어떤 성질이 옷감의 때를 없애는지 는 정확히 판별할 수 없고 계속 연구 중에 있습니다. 하지만 저희 연구팀이 밝힌 세탁의 핵심 원리를 설명해 드릴 수는 있 습니다.

 어떤 원리로 세탁이 되는 겁니까?

물에 전류가 흐르도록 하기 위한 촉매제로 탄산나트륨을 넣은 후 세탁기 안에 부착된 특수 전기 분해 장치에 전기가 흐르게 하면 물은 수소 이온과 수산 이온으로 전기 분해됩니다.

전기 분해란 어떻게 분해되는 것을 말합니까?

산화, 환원 반응을 이용하여 전기 에너지를 화학 에너지로 바꾸어 물질을 분해하는 반응을 전기 분해라고 합니다. 일반적으로 전해질 수용액에 전류를 가하면 양이온은 전원의 (−)극으로, 음이온은(+)극으로 끌려가 전하를 얻거나 잃고 중성의 물질로 석출됩니다. 즉 (−)극에서는 양이온이 전자를 얻어서 홑원소 물질이 되므로 환원 반응이 일어나고, (+)극에서는 음이온이 전자를 내놓고 홑원소 물질이 나오게 되어 산화 반응이 일어납니다.

세탁기에서 물이 전기 분해되면 어떻게 되나요?

전기 분해 장치에 의해 물에 전기가 흘러 전기 분해되면 가벼운 수소는 공기 중으로 날아가고 염기성을 띠는 수산 이온만 남게 되므로 물은 비누처럼 알칼리성을 띠어 세척력을 갖게 됩니다. 액체의 표면에서 표면적을 작게 하기 위해 작용하는 장력을 표면 장력이라고 하는데 이는 액면 부근의 분자가 액체 속의 분자보다 위치 에너지가 크고, 이 때문에 액체가 전체로서 표면적에 비례한 에너지인 표면 에너지를 가지기 때문에 일어납니다. 이온이 많이 생성된 물인 이온수는 이러한 표면 장력이 작아져 섬유에 잘 스며들어서 때를 제거하는 데 도움이 됩니다. 뿐만 아니라 다른 세제처럼 의류의 오물을 의류에서 분리하는 데 그치지 않고 묻어 있는 오물을 분해하고 살균 작용까지 합니다.

그렇게 좋은 점이 많다면 무조건 무세제 세탁기를 사용해야겠군요.

무세제 세탁기에 대해 비관적인 사람들도 있습니다. 그들은 세탁기에 탄산나트륨을 넣기 때문에 엄밀히 말해 무세제 세탁기라고 볼 수 없으며 세제를 넣는 것과 마찬가지로 환경이 오염된다고 주장하고 있습니다. 하지만 탄산나트륨은 아무래도 세제보다는 환경을 덜 오염시킬 것이라는 점을 감안하면 세제를 사용하는 세탁기보다는 훨씬 이로울 것이라 생각합니다.

무세제 세탁기를 사용하면 세제를 거의 사용하지 않고도 깨끗한 세탁은 물론 살균 소독까지 한 옷을 입을 수 있습니다. 따라서 세제를 사용하지 않는 세탁기를 구입한 사람들은 세탁물을 따로 삶지 않더라도 살균 소독까지 할 수 있으므로 활용도가 더욱 높을 것입니다. 이상으로 원고 측에서 무세제 세탁기를 실제로 만들 수 있으며 효과도 탁월하다는 것을 입증했습니다. 무세제 세탁기에 대한 의혹이 풀어졌으므로 안심하고 사용하셔도 좋을 것입니다.

앞으로 무세제 세탁기에 대한 허위 사실을 유포할 경우 그에

합당한 조치를 취할 것입니다. 타당한 증거도 확보하지 않고 의혹만 키우지 마십시오. 무세제 세탁기에 대한 의혹으로 그 동안 주춤했던 세탁기 판매량이 다시 올라가겠군요. 앞으로 10년간 무세제 세탁기에 대한 특허를 내줄 것이므로 안심하고 판매하십시오. 이상으로 재판을 마치겠습니다.

재판이 끝난 후, 엠지 회사에서는 쌈쏭 회사에 자신들의 잘못을 사과했다. 무세제 세탁기의 효과가 밝혀지자 많은 사람들이 다시 쌈쏭의 무세제 세탁기를 샀고, 쌈쏭의 수입은 점점 늘어갔다.

 전기 분해

전해질 수용액에 음과 양의 두 전극을 넣고 전류를 흘려보내면 양극과 음극 위에서 각각 양이온과 음이온을 방전시켜 각 전극에서 성분을 추출하는 것을 말한다.

상갓집과 웃음가스

웃음이 나오게 하는 가스가 정말 존재할까요?

박다정과 박다감은 25년 지기 단짝 친구다. 그들의 우정에는 남다른 것이 하나 있었다.

"자네 요즘 얼굴 좋아 보이네. 뭐 좋은 거라도 먹나?"

"어이 친구, 나 이번에 부항기를 하나 샀다네. 건강에 좋다고 어찌나 추천을 하던지……. 그래서 어제는 이마에 부항을 떠 봤더니 이렇게 얼굴색이 달라지지 않나? 정말 좋단 말이야."

"그게 정말인가?"

"당연하지, 이 사람이 속고만 살았나? 말이 나왔으니 지금 당장 해 보겠나?"

"나야 좋지! 그럼 어서 해 주게! 마침 오늘 중요한 약속이 있어 신경이 쓰였는데 말이야. 역시 자네밖에 없네."

박다정은 박다감의 이마에 부항을 떠 줬지만 몇 분 지나지 않아 박다감은 경악을 금치 못했다.

"이게 뭔가!"

박다감의 이마엔 시퍼런 부항 자국이 남아 있었고 박다정은 그 옆에서 폭소를 터뜨리며 웃고 있었다.

"자네 내 말을 믿었나? 하하하, 얼굴에 부항을 뜨는 사람이 어디 있나. 내가 자네 때문에 웃고 사네. 하하하, 이렇게 쉽게 넘어가다니 저번에 당한 것에 대한 복수네!"

박다정과 박다감의 우정에는 이렇듯 서로에게 골탕을 먹이는 먹이 사슬이 존재했다.

"자네 이마에서 레이저가 발사될 것 같네. 요즘 지구라도 지키나? 하하하."

"이 사람! 두고 보게!"

박다감은 결국 그날의 다짐을 지키지 못했고 이마에 생긴 부항자국 때문에 꽤나 고생을 했다. 며칠 뒤 박다정과 박다감은 점심 식사를 하기 위해 다시 만났다.

"잘 지냈나? 친구."

"자네 때문에 고생하는 것만 빼면 내 인생은 언제나 최고네."

"그건 나도 마찬가질세. 하하하."

"그나저나 오늘 사장님 어머니께서 돌아가시는 바람에 상갓집에 가야 하네. 가서 날을 새야 할 것 같은데 어제 야근을 하느라 버텨 낼 수 있을지 모르겠네."

"아? 그런가? 내가 잠 안 오게 하는 좋은 약을 하나 알고 있는데 여기서 잠깐 기다리게나, 내가 지금 가서 사 가지고 올 테니."

박다감은 흐뭇한 표정을 지으며 나간 뒤 몇 분 후 조그마한 가스 통을 하나 들고 왔다.

"이게 그건가?"

"맞네, 나도 저번에 중요한 약속이 있어 이 가스를 마셨더니 머리 가 시원해져서 졸지 않을 수 있었지."

"고맙네. 역시 자네뿐이야."

박다정은 박다감이 준 가스통을 믿고 상갓집으로 향한 후, 상갓 집 앞에서 가스를 한 모금 들이마셨다.

"사장님, 저 왔습니다. 어떻게 하하하! 내가 왜 이러지! 편안하게 가셨으니 하하하! 죄송합니다! 왜 이러는 거지!"

"자네 이게 무슨 짓인가! 남의 상갓집에 와서 이렇게 웃다니 평 소 나한테 무슨 감정이라도 있었던 건가!"

"그게 아니라, 하하하! 저도 잘, 하하하! 모르겠습니다, 하하하!"

"자네 지금 제정신인가? 아무리 무례한 사람이라고 해도 어떻게 이럴 수가 있나? 당장 나가게."

"하하하. 사장님, 죄송 하하하!"

"인간이 덜된 사람이구먼, 당신."

"경비원! 이 사람을 당장 내쫓아 주게! 그리고 당신은 내일부터 회사에 출근할 필요 없네. 알겠나!"

졸지에 직장을 잃고 사람들에게 이상한 사람으로 찍힌 박다정 씨는 이번 일이 박다감이 준 가스 때문이라고 생각하고 박다감을 찾아갔다.

"자네 나한테 준 게 뭔가!"

"하하하! 자네 그걸 마셨나 보군. 웃음이 멈추질 않지?"

"자네 지금 웃고 있나? 사장님 상갓집에 가서 자네가 준 가스를 마시고 상주들 앞에서 소리까지 내며 웃는 바람에 미친 사람으로 취급받고 직장까지 잃었네! 책임지게나!"

"아니 장난이었는데 뭘 그러나. 솔직히 전에 자네가 떠 준 부항 때문에 내가 입은 피해도 만만치 않네."

"그래도 자네는 직장을 잃진 않았잖아!"

"그 일은 유감이네만 우리가 한두 번 이런 것도 아닌데 너무 하는 것 아닌가?"

"자네한테 정말 화가 나네. 장난에도 정도가 있지. 이대로는 못 참겠네. 자네에게 손해 배상을 청구하겠네!"

웃음가스라는 별칭이 붙은 아산화질소는 사람을 졸리게 하면서
감각을 무디게 만듭니다. 또 혈액의 산소 운반량을 감소시켜 몽롱하게 만들며
안면 근육에 경련을 일으켜 웃는 것과 같은 모습이 되기도 합니다.

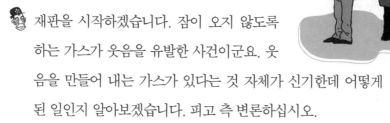

웃음이 나오게 하는 기체가 있을까요?
화학법정에서 알아봅시다.

재판을 시작하겠습니다. 잠이 오지 않도록 하는 가스가 웃음을 유발한 사건이군요. 웃음을 만들어 내는 가스가 있다는 것 자체가 신기한데 어떻게 된 일인지 알아보겠습니다. 피고 측 변론하십시오.

원고와 피고는 친한 친구 사이입니다. 피고가 원고에게 웃음이 나게 하는 가스를 잠이 오지 않는 가스라고 장난 치기 전, 원고가 먼저 피고에게 부항을 떠 약속을 취소하게 만든 일이 있었습니다. 서로 친한 친구이기 때문에 즐거워하며 잘 지내고 있었는데 이번에는 원고가 친구인 피고를 고소한 것입니다. 매번 서로 장난을 치는데 고소까지 한 건 심한 것 같습니다.

피고가 원고에게 친 장난 때문에 원고는 직장을 잃었다고 합니다. 상갓집에 가야 하는 사람에게 웃음을 유발하는 기체를 추천하다니 장난의 정도가 너무 심했던 것 아닙니까?

직장을 관둬야 하는 상황을 원한 것은 아닙니다. 그 정도의 결과가 나올 거라고는 생각도 하지 못했고요. 원고의 일은 안타깝지만 다른 좋은 직장을 구하면 되지 않을까 싶습니다.

그런데 정말 웃음을 만들어 내는 기체가 있습니까? 처음 듣는

애기인데 어떤 기체이기에 웃음을 참지 못하게 만든 겁니까?

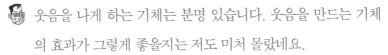 웃음을 나게 하는 기체는 분명 있습니다. 웃음을 만드는 기체의 효과가 그렇게 좋을지는 저도 미처 몰랐네요.

웃음을 만드는 기체는 어떤 기체입니까? 원고 측 변론해 주십시오.

마시면 웃음을 일으키고 기분을 좋게 해 준다고 알려진 기체는 웃음가스라고도 하는데 아산화질소를 말합니다.

아산화질소가 어떤 기체인지에 대한 설명이 필요하군요.

웃음가스인 아산화질소에 대해 설명해 주실 기체 연구소의 다날아 연구소장님을 증인으로 요청합니다.

증인 요청을 받아들이겠습니다.

실로 여러 개의 풍선을 매달아 두 손 가득 가지고 나온 50대 후반의 남자가 싱글벙글 웃으면서 증인석에 앉았다.

웃음을 만드는 기체가 정말 존재합니까?

네, 웃음가스는 아산화질소입니다.

아산화질소는 어떤 기체입니까?

일산화질소, 산화이질소라고도 하며 질산암모늄을 열분해 할 때 생기는 투명한 기체입니다. 가벼운 향기와 단맛이 나며 녹는점 영하 90.90℃, 끓는점 영하 88.57℃, 비중 1.530입니다.

액체와 고체일 때는 무색이며, 물과 알코올에서는 상당히 잘 녹고, 상온에서 안정한 상태를 유지합니다. 화학적 성질은 산과 비슷하며, 나무 조각, 인, 황 등 공기 중에서보다 이 기체 속에서 더 잘 탑니다.

 이 기체를 마시면 인체에 어떤 영향을 줍니까?

 아산화질소는 신경계에 영향을 미쳐 의식을 흐리게 하면서 감각을 둔화시켜 통증을 느끼지 않게 합니다. 또 혈액의 산소 운반량을 감소시켜 약간 어지럽고 저산소증을 일으켜 몽롱한 상태가 되게 하는데, 이 때문에 아산화질소가 기분을 좋게 해준다고 말하는 것 같습니다. 그리고 안면 근육이 경련을 일으켜 웃는 것 같은 모습이 되기 때문에 웃음가스라는 별칭이 붙었습니다. 마취성이 있어 간단한 외과 수술 시 산소와 혼합하여 전신 마취에 사용하기도 합니다. 독성과 자극성이 약한 편이나 산소 결핍증을 일으킬 우려가 있습니다.

 아산화질소는 어떻게 사용하게 되었나요?

 아산화질소는 1772년 영국의 화학자 프리스틀리가 발명했습니다. 그리고 20여 년 뒤 역시 영국의 데이비가 아산화질소가 사람의 기분을 좋게 해 주는 '웃음 기체'라는 사실을 알고 이 기체가 통증을 차단하기 때문에 수술에 유용할 것이라는 사실을 알아냈습니다.

 그럼 그때부터 수술에 사용했나요?

이 기체를 실제 의약품으로 사용하기 시작한 것은 1840년대
였습니다. 미국의 치과 의사 웰스가 이 기체를 이용해 마취를
한 후 자신의 사랑니를 뽑는 수술에 성공함으로써 아산화질소
가 진통제와 마취약으로 널리 사용되기 시작했습니다.

 그 밖에 어떤 곳에 사용합니까?

 구급차로 통증이 심한 환자를 이송할 때 흡입 진통제로 쓰며,
특히 치과 분야에서 많이 사용하고 있습니다. 휴양지에서는
아산화질소를 특별한 방향제로 이용하기도 하며, 최근 연구에
따르면 아산화질소는 중추신경계에도 작용해 의식을 억제하
고 통증을 잊게 하는 것으로 알려졌습니다.

 아산화질소가 인체에 작용하여 웃음을 만들고 의약품으로도
사용한다는 것을 알 수 있었습니다. 하지만 아산화질소는 화
학물로써 누구나 사용할 수 있는 기체는 아닙니다. 필요한 곳
에 적절하게 사용해야 하며, 의약용으로 사용할 경우 의사의
소견에 따라야 합니다. 따라서 피고가 원고에게 아산화질소가
스를 마시게 한 것은 위험한 일이며, 아산화질소는 마취성이
있는 화학물이기 때문에 아무렇게나 다루어서는 안 됩니다.
원고가 회사에서 해고된 일이나 쉽게 다루어서는 안될 가스를
취급한 일은 피고에게 그 책임이 있다고 봅니다. 원고에게 배
상할 것을 요구합니다.

피고가 원고에게 한 장난은 친구이기에 그럴 수도 있다는 말

로 쉽게 넘어갈 성질은 아닙니다. 원고는 직장을 잃었기 때문에 생계에 지장을 받을 것이며, 아산화질소 때문에 상갓집에서 웃음을 참을 수 없었던 일은 정신적인 충격으로 남을 것입니다. 또 마취용으로 쓰이는 아산화질소이므로 몸에도 좋지않은 영향을 미쳤을 것으로 판단되는군요. 따라서 피고는 원고의 경제적, 신체적, 심리적 안정을 위해 앞으로 6개월 동안 후유증에 대한 책임을 져야 합니다. 원고가 하루빨리 다시 좋은 직장을 찾을 수 있기를 바라며 재판을 마치겠습니다.

재판이 끝난 후 박다감은 자신의 장난이 과했다며 박다정에게 사과했다. 또 판결대로 박다정의 피해를 보상해 주었다. 비록 직장을 잃게 한 큰 장난을 쳤지만, 오랜 친구 사이이기에 박다정은 박다감을 용서했다. 그 후 박다감은 박다정의 새로운 직장을 찾아 주기 위해 노력했고, 몇 달이 지나 박다정은 새로운 직장을 구할 수 있었다.

 기체

기체는 물질의 세 가지 상태 중 하나로 공기 따위처럼 부피를 마음대로 바꿀 수 있는 물질의 상태를 일컫는다. 기체의 밀도는 액체나 고체보다 훨씬 작으며, 압축이나 열팽창이 쉽다.

수소가 줄었잖아요?

염산을 묽게 하면 왜 수소 생산량이 줄었을까요?

과학공화국에는 수소를 만드는 공장이 있었다.

취업하기가 하늘에 별 따기라는 요즘 이 공장에 새 연구원이 부임하였다. 새 연구원은 잔머리로는 둘째가라면 서러울 최잔꾀 씨였다. 최잔꾀 씨가 얼마나 잔머리를 쓰는지 알고 싶다면 그의 학생 시절로 돌아가 봐야 한다. 평소 수업 시간에 짝지와 잘 떠드는 최잔꾀 씨는 수업이 끝나면 선생님께 불려가기 일쑤였다.

"최잔꾀! 또 떠들어! 이리 나와!"

"아…… 또 걸렸어……."

"여기 공책 한가득 반성문 써 와!"

"이렇게 넓은데 언제 다 써요~."

이렇게 불평은 하지만 언제나 반성문을 적어야 했다. 공책 전체를 반성문으로 가득 메우라는 말에 최잔꾀 씨는 머리를 써서 한번에 볼펜 세 개를 잡고 반성문을 적었다. 그렇게 볼펜을 많이 잡고 쓰면 한번 써도 세 줄의 글자가 써졌기 때문이다. 이렇게 잔머리를 썼던 최잔꾀 씨가 수소를 발생시키는 공장에 취직했다. 그 잔꾀 때문인지 명문인 잘났어대학교를 다녔고 졸업하자마자 여기로 왔다.

"안녕하십니까, 저는 이번에 이 공장에 새로 부임된 최잔꾀라고 합니다!"

"잔꾀를 잘 부려서 잔꾀인가? 어허허, 그건 그렇고 자네에게 아주 큰 임무를 주겠네."

"큰 임무요?"

"그래 말이야, 수소는 어떻게 만드는지 알고는 있겠지?"

"네, 마그네슘과 염산을 섞으면 수소가 만들어진다고 알고 있습니다."

"그래, 잘 알고 있구먼. 자네가 마그네슘과 염산을 섞는 일을 맡아야겠네."

"처음 온 신입 사원에게…… 벌써부터 그렇게 큰일을 맡겨도 되는 건가요?"

"자네를 믿으니까 시키는 거야!"

아무래도 잘났어대학교를 나왔다는 것 때문인지 공장 사장은 이제 막 공장에 들어온 최잔꾀 씨에게 가장 중요한 혼합 과정을 맡겼다. 최잔꾀 씨는 그렇게 자기에게 큰일이 주어지는 것에 조금은 놀랐지만 그만큼 자신을 믿어 주고 있다는 생각에 한편으로는 자랑스러웠다. 하지만 모두 기쁜 것은 아니었다.

'저 사람 때문에 내가 해고된 거야…… 가만두지 않겠어!'

사실 그 일을 하고 있던 직원은 따로 있었다. 하지만 너복수라는 이름의 그 직원은 명문 대학에서 온 최잔꾀 씨에게 밀려 공장에서 잘린 것이다. 자신이 잘린 것에 분한 마음을 가진 너복수 씨는 언젠가 최잔꾀 씨에게 복수할 날만 기다리고 있었다. 하지만 그 사실을 모르는 최잔꾀 씨는 자랑스러움에 싱글벙글해 있었다.

"내가 잘해야지 계속 나를 믿어 주겠지?"

최잔꾀 씨는 이제 슬슬 일을 하기 위해서 처음으로 공장에 들어가 마그네슘과 염산을 섞으려고 했다. 그때 갑자기 최잔꾀 씨의 머릿속에 숨어 있던 잔머리가 슬금슬금 떠올랐다. 염산을 아낄 수 있는 생각이 떠오른 것이었다.

"염산을 희석시켜서 농도를 묽게 하면, 염산이 조금만 들어가도 되겠지?"

최잔꾀 씨의 잔머리는 생활에서뿐만 아니라 일에서도 빛을 냈다. 염산을 조금만 희석시켜 섞어도 아무 문제가 없을 거라고 생각한 것이다.

'그러면 당연히 염산은 조금만 써도 되고 그렇게 되면 염산을 조금만 구입해도 되니깐 공장에서는 돈이 적게 들고, 결국 나는 또 인정받는 사람이 되는 거네!'

결국 최잔꾀 씨는 염산을 묽게 하는 것이 공장에 도움이 되어서 사장님이 자신을 또 인정해 줄 것이라는 기대에 부풀었다. 최잔꾀 씨는 자신의 잔머리에 스스로 감탄해하며 자기 머리를 쓰다듬었다. 그리고 결국 최잔꾀 씨는 염산을 희석시켜 농도를 묽게 한 후 마그네슘과 혼합해서 수소를 만들었다. 그리고 그 모든 현장을 너복수 씨가 몰래 지켜보고 있었다. 몇 주 후 사장실에서는 화난 사장의 목소리가 울러 퍼졌다.

"뭐라고? 수소 생산량이 줄었다고?"

"네, 저번에 조사할 때보다 줄었습니다."

"사용한 염산과 마그네슘의 양은 똑같지 않은가?"

"네, 양은 똑같지만 결과물인 생산량은 줄었습니다."

"이거 어떻게 된 거야! 가서 정확히 알아 와 봐!"

매번 수소 생산량을 확인하는 일을 맡은 직원 박체크 씨는 조사한 서류를 들고서 사장실을 빠져나왔다. 언제나 생산량이 일정했는데 이번만 생산량이 눈에 띄게 줄어든 것이었다. 특별히 원인으로 짚이는 게 없어서 박체크 씨는 답답해하고 있었다.

"뭐 때문에 줄어든 거지?"

한참 고민하던 박체크 씨는 그 원인을 찾기 위해 공장 밖에 있는

벤치에 앉아 있었다. 화난 사장님의 잔소리를 듣는 것도 풀 겸 바람을 쐬고 있었다. 그때 어디선가 종이비행기가 날아왔다. 사실 멀리서 너복수 씨가 보낸 종이비행기였지만 박체크 씨는 너복수 씨를 알아보지 못했다.

"웬 종이비행기지?"

종이비행기를 집어 보니 무언가 적혀 있었다. 종이비행기를 펴서 적혀 있는 글자를 읽었다.

"범인은 최잔꾀?"

박체크 씨는 수소를 만들기 위해 제일 중요한 혼합 작업을 하는 최잔꾀 씨가 생각났고 그 때문에 생산량이 줄어든 것이라 확신하고 사장에게 전했다. 그 말을 들은 사장도 최잔꾀 씨가 입사한 이후로 생산량이 줄어든 것을 알고서 분명 이 일의 원인은 그에게 있다고 판단해서 그를 불렀다.

"네, 사장님! 부르셨어요?"

염산을 아낀 일로 자신을 불렀을 거라고 생각하면서 또다시 칭찬받을 생각에 웃으면서 사장실에 들어갔다.

"지금 웃음이 나옵니까? 이번에 수소 생산량이 얼마나 줄었는지 아세요?"

"네?"

"마그네슘과 염산을 혼합하는 일에서 무슨 잘못이 생긴 것 아닙니까?"

"그게 무슨 말씀이세요. 저는 염산을 아끼려고 염산을 희석하기까지 했는데요."

"뭐라고요? 염산을 희석했다고요?"

"네, 그러면 염산을 아낄 수 있잖아요. 저 잘했죠?"

"그럼 정말 당신 때문이군요!"

"네?"

"당신 때문에 수소 생산량이 줄었어요! 당신을 고소할 거예요!"

수소 공장 사장은 아직도 뭐가 잘못됐는지 모르는 최잔꾀 씨를 화학법정에 고소했다.

반응하는 물질의 농도가 증가하면 같은 부피 속에 들어 있는 입자 수가 증가합니다.
그러면 입자들도 더 빈번하게 충돌하므로 반응 속도 역시 빨라집니다.

염산의 농도와 수소의 발생량 사이에는
어떤 관계가 있을까요?
화학법정에서 알아봅시다.

 재판을 시작합니다. 먼저 피고 측 변론하

세요.

 염산은 아주 강한 산입니다. 아주 위험하지

요. 그래서 보통 실험실에서는 물에 희석한 묽은 염산을 사용

합니다. 최잔꾀 씨도 염산에 대한 이런 점을 알아서 염산의 농

도를 줄여 안전한 반응을 시킨 건데 무슨 죄가 있나요? 염산

이 진하다고 뭐 달라지는 게 있나요?

 그건 재판을 통해 알아봅시다. 그럼 원고 측 변론하세요.

 화학 반응 물질과 반응 속도와의 관계에 대한 깊은 학식을 가

지고 있는 화학반응연구소 소장인 김서꺼 박사를 증인으로 요

청합니다.

온갖 색깔들이 뒤섞여 있어 보는 사람들의 정신을
사납게 만드는 티셔츠를 입은 30대 남자가 증인석에
앉았다.

 증인이 하는 일은 뭔가요?

모든 화학 반응에 대한 연구를 하고 있습니다.

 그럼 이번 반응은 어떤 반응인가요?

 금속에 산을 부으면 수소 기체가 발생하는 반응이지요.

 이 경우 염산의 농도가 반응에 영향을 미치나요?

 물론입니다. 이때 염산의 농도가 진할수록 발생하는 수소 기체의 양이 많아집니다.

 그 이유는 뭐죠?

 반응하는 물질의 농도가 증가하면 같은 부피 속에 입자 수가 증가합니다. 그럼 입자들의 충돌이 더 빈번해지므로 반응 속도가 빨라지지요. 그러므로 같은 시간 동안 더 많은 양의 수소 기체가 만들어집니다.

 그렇다면 게임 끝났군요. 판사님 판결 부탁합니다.

 최잔꾀 씨가 잔꾀를 부린 것 같군요. 염산의 농도를 좀 더 진하게 했다면 좀 더 많은 양의 수소 기체를 만들어 낼 수 있었을 텐데 말입니다. 그러므로 수소 공장 사장의 고소는 비상하다고 생각합니다.

　재판이 끝난 후, 자기 실수를 인정한 최잔꾀 씨는 사장에게 자신의 잘못을 사과했다. 그러자 사장은 회사의 이익을 위한 행동이었기에 최잔꾀 씨를 한 번 더 용서하기로 했다.

　그 일 이후로 최잔꾀 씨는 절대 잔꾀를 부리지 않고 성실하게 일

했다. 또한 염산의 농도를 이전과 같이 진하게 하여 수소 생산량을
증가시켰다.

 염산

염산은 염화수소산이라고도 한다. 기체 상태의 염화수소를 물에 녹여 생기는 부식성 있는 무색의 산
이 바로 염산이다.

풀무질을 힘차게 해야죠

풀무질과 대장간의 불의 세기는 어떤 관계가 있을까요?

"뚱땅뚱땅."

과학공화국에서는 아직도 쇠를 불에 달구어 칼이나 도끼를 만드는 대장간이 있었다. 그래서 그곳을 지나가면 쇠를 두드리는 소리가 끊이지 않았다. 하지만 안타까운 것은 그 대장간에서 칼을 만드는 기술을 가진 사람은 이제 나이가 들어 버린 두들겨 씨밖에 없다는 점이다.

"요즘 젊은 사람들 중에 누가 이 일을 배우려 하겠나."

두들겨 씨는 대장간 일을 전수받으려는 사람이 없어서 항상 혼자 일을 했다. 하지만 이제 점점 늘어나는 나이 때문인지 혼자 여러 일을 할 기력이 없었다. 그래서 어쩔 수 없이 아르바이트생을 구하기로 했다. 쇠를 두드리는 일은 기술이 필요한 작업이라서 두들겨 씨가 직접 하고 대신 그 쇠를 달굴 불을 지피는 풀무질 담당 한 명을 구하기로 했다. 그래서 두들겨 씨는 급히 전단지를 만들어 동네에 있는 전봇대에 모두 붙여 놨다.

단지 불에 바람을 불어넣는 풀무질만 해주면 됨.

간단하고도 단호한 전단지였다. 여러 사람들이 그 전단지를 보았지만 요즘 시대에 연기 나는 풀무질을 하려는 사람은 몇 없었다. 하지만 그 몇 안 되는 사람들 중에 귀차니 씨가 있었다. 귀차니 씨는 학교를 졸업했지만 마땅히 취직을 하지 않고 있는, 말 그대로 '백수'였다. 그날도 어머니의 심부름으로 슈퍼마켓에 두부를 사러 가던 중에 슈퍼 앞 전봇대에 붙여져 있는 전단지를 본 것이다.

"어라, 그냥 풀무질만 하면 되는 거라니…… 가만히 앉아서 손만 요리조리 흔들면 되겠네."

귀차니 씨는 아주 게으른 사람이었다. 그런 게으른 성격 탓에 아직도 직업을 구하지 못한 것이었다. 그가 얼마나 게으르냐면 오늘 입은 옷을 내일도 입기 위해 잘 때도 그 옷을 벗지 않고 입고 잘 만큼 게을렀다. 그런 귀차니 씨는 집에서 매일 듣는 어머니의 잔소리에 '이 나이에 이렇게 어머니 심부름이나 하고 살아야 하나'라고 생각하면서 쉬운 아르바이트 자리라도 있으면 구하려던 참이었다. 그때 그 짧고 굵은 전단지가 눈에 보였다. 귀차니 씨는 집에 오자마자 대장간에 전화를 했다.

"아르바이트 구한다고 해서 전화했는데요."

"아, 풀무질하시려고?"

"네? 네……."

"팔 두 개에 손가락 열 개 맞지?"

"네? 맞…… 맞는데요."

"그럼 됐어. 당장 내일부터 대장간으로 찾아와."

귀차니 씨는 단번에 아르바이트를 구하게 되었고 별 기술이 필요하지 않은 일이라 대장간 주인인 두들겨 씨도 까다로운 절차가 없이 아르바이트생을 구했다. 그리고 다음 날 귀차니 씨는 대장간에 출근했다.

"안녕하세요, 어제 그 아르바이트……."

"아, 여기 앉아."

두들겨 씨는 훤칠한 청년인 것을 다행으로 생각하고 귀차니 군을 의자에 앉혔다. 그리고 귀차니 군의 굵은 팔을 만져 보면서 말했다.

"이 정도면 풀무질 잘하겠는걸. 잘 왔네. 우리 일 잘해 보세!"

"네? 네……."

이렇게 해서 귀차니 씨는 그날부터 바로 풀무질을 시작했다. 풀무질은 쇠를 녹여서 잘 두들겨 모양을 만들 때, 그 쇠를 녹이기 위해 불을 지피는 일이다. 그래서 불 앞에 가만히 앉아서 불에 바람을 넣기만 하면 되었다.

'이렇게 쉬운 아르바이트가 또 어디 있겠어.'

귀차니 씨는 비교적 편한 아르바이트에 만족하면서 가만히 앉아서 풀무질을 했다. 하지만 편한 것도 잠시뿐이었다. 30분이 지나고 한 시간이 지나자 귀차니 씨의 팔이 아파 오기 시작했다.

"아…… 쉬지 않고 계속 하니깐 팔이 아프네."

팔이 점점 아파 오자 귀차니 군은 두들겨 씨의 눈치를 보면서 잠시 풀무질을 멈추고 팔을 주물렀다. 그러다가 다시 두들겨 씨가 귀차니 군 쪽을 본다고 느끼면 바로 열심히 풀무질하는 척했다. 그것이 반복되자 눈에 띄게 불이 전처럼 활활 타오르지 않았다. 그래서 귀차니 군은 다른 방법을 선택했다.

"그럼 이렇게 하면 되겠지."

귀차니 군은 풀무질하는 속도를 아예 늦춰 버린 것이다. 천천히 팔이 아프지 않을 만큼만 풀무질을 해 댔다. 워낙 게으른 귀차니 군이라 이 풀무질을 다른 사람들처럼 열심히 하려고 하지 않았다. 그래서인지 이 방법도 아까만큼 불이 활활 타오르지 않았다. 그때 불이 약해진 걸 아직 눈치 채지 못한 두들겨 씨가 한숨을 내쉬며 말했다.

"아유, 나도 나이가 들긴 했나 봐. 아무리 때려도 쇠가 움직이지를 않네."

두들겨 씨가 그렇게 말했지만 귀차니 군은 자기와는 상관없는 얘기인 줄 알고 여전히 천천히 풀무질을 했다. 천천히 한 만큼 나오는 바람도 약했고 그 때문에 불길도 약해졌다. 두들겨 씨는 자신의 신세를 한탄하며 일을 하느라 오랫동안 구부리고 있던 허리를 펴기 위해 기지개를 켰다. 그때 마침 두들겨 씨가 풀무질을 천천히 하고 있는 귀차니 군을 보았다.

"이 녀석! 계속 그렇게 하고 있었던 거야?"

"네?"

"내가 기력이 없는 게 아니라 자네가 게으른 거였구먼!"

"저는 계속 풀무질하고 있었는데요?"

"그렇게 천천히 세월아~ 네월아~ 하면서 풀무질을 하니깐 온도가 안 올라가서 쇠가 잘 달궈지지가 않잖아!"

"풀무질만 하면 된다면서요!"

"어디 어른에게 눈을 동그랗게 뜨고!"

"그럼 두들겨 씨는 눈을 동그랗게 뜨고 보지, 네모나게 뜰 수 있어요?"

"아니, 이 녀석이! 자네 당장 해고야!"

귀차니 씨는 해고라는 말에 잠시 생각했다. 이 일만큼 쉬운 일은 없었기 때문이다. 이런 아르바이트를 잃게 되는 것도 억울하고 일방적으로 해고를 당하자니 자존심이 상하기도 했다. 그래서 귀차니 씨는 대장간 주인을 고소하기로 마음먹었다.

"흥, 그러면 누가 무서울 줄 아세요? 저도 해고한 것에 대해 고소할 거라고요!"

기체 반응에서는 압력이 커지면 기체의 부피는 줄어들지만 기체 분자의 수는 그대로이기 때문에, 같은 부피에서 기체 분자의 수가 증가하여 농도가 증가하는 것과 같은 효과가 있습니다. 그래서 압력이 커지면 반응 속도가 빨라집니다.

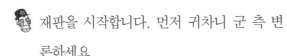
여기는 **화학법정**

풀무질을 힘차게 하는 것과 약하게 하는 것
은 반응에 어떤 영향을 줄까요?
화학법정에서 알아봅시다.

재판을 시작합니다. 먼저 귀차니 군 측 변
론하세요.

풀무질을 힘차게 하는 거나 살살 하는 거나
무슨 차이가 있다고 재판을 하는지 모르겠습니다. 어차피 반
응이 일어날 거라면 풀무질을 하든 안 하든 일어날 거고, 안
일어날 거면 풀무질과 관계없이 안 일어날 거 아닙니까?

어떤 근거로 그런 주장을 하는 거죠?

제가 언제 근거 제시한 적 있나요? 항상 즉흥적 사고를 하지
않습니까?

묻는 내가 바보지. 그럼 두들겨 씨 측 변론하세요.

화학반응연구소의 부소장인 김반응 박사를 증인으로 요청합
니다.

조그만 얼굴에 광대뼈가 심하게 튀어나온 깡마른 남자
가 증인석으로 들어왔다.

이번 사건에 대한 자료는 읽어 보셨죠?

네.

그럼 시간 관계상 본 질문으로 들어가겠습니다. 이번 반응은 어떤 반응이죠?

연소 반응입니다.

불타는 거 말인가요?

그렇습니다. 공기 중의 산소와 화합한 연소 열로 쇠를 가열하는 반응이지요.

그럼 이번 사건에서 풀무질이 중요한 역할을 하나요?

물론입니다. 풀무질을 힘차게 해야 불길이 세져서 쇠가 잘 가열됩니다.

그건 왜죠?

풀무질을 힘차게 하면 유입되는 산소의 양이 많아져 산소의 압력이 커지지요. 이렇게 산소의 압력이 커지면 연소 반응 속도도 빨라집니다.

그 이유는 뭐죠?

기체 반응에서는 압력이 커지면 반응 속도가 커집니다. 이것은 기체의 압력이 증가하면 기체의 부피는 줄어들지만 기체 분자의 수는 그대로이기 때문에, 같은 부피에서 기체 분자의 수가 증가하여 농도가 증가하는 것과 같은 효과를 주지요. 그래서 반응 속도가 빨라지는 것입니다.

그렇군요. 판사님께서 판결해 주세요.

비록 아르바이트라 하더라도 보수를 받는 만큼 성실하게 일해야 할 것입니다. 그러므로 귀차니 군은 앞으로 풀무질을 좀 더 힘차게 해 반응 속도를 증가시키겠다는 각서를 쓰고 다시 일하기 바랍니다.

재판이 끝난 후, 성실히 일하지 않은 것을 반성한 귀차니 씨는 두들겨 씨에게 자신의 잘못에 대해 사과했다. 두들겨 씨는 진심으로 반성하는 귀차니 씨를 보고 열심히 일한다면 다시 고용해 주겠노라 했다. 그 후 둘은 최고의 궁합을 자랑하며 대장간을 운영해 나갔다.

연소

물질이 공기 중 산소와 화합하여 빛과 열을 내는 현상을 말한다. 일반적으로 격렬한 산화 현상을 연소라 하는데, 때로는 빛과 열을 내지 않아도 결과적으로 산화물이 생기는 경우도 있다.

비린내가 너무 심해요

어떻게 하면 생선 비린내를 없앨 수 있을까요?

"자기랑 결혼해서 너무 좋아~."

"나도 너무 행복해~."

이제 결혼한 지 한 달 밖에 되지 않은 신혼부부가
있었다. 이 신혼부부는 서로 너무 사랑했기 때문에 상대방이 원하
는 것은 무엇이든지 하는 깨소금 부부였다. 이 부부는 결혼 후 둘이
서만 따로 집을 얻어 살고 있었는데 아내인 비린내싫어 씨는 웬만
한 음식은 다 할 줄 알았다. 하지만 딱 하나 못하는 요리가 있었는
데 그것이 바로 생선 요리였다. 옛날부터 비린내를 끔찍이 싫어하
는 비린내싫어 씨는 생선으로 하는 요리는 코를 막고서라도 절대

하지 못했다. 그에 반해 생선 요리를 너무 좋아하는 남편은 그걸 알고부터는 일부러 생선 얘기는 꺼내지도 않았다. 하지만 원래 좋아하는 생선을 먹고 싶은 건 어쩔 수가 없었다. 하지만 원래 좋아하는 생선을 먹고 싶은 건 어쩔 수가 없었다.

"여보, 오늘도 돼지고기야?"

"단백질을 섭취하긴 해야 하는데…… 고기밖에 없네……."

"여보, 나 오랜만에 먹고 싶은 게 있는데……."

"그게 뭔데요?"

"나 생선 조림이 먹고 싶어."

남편인 생선좋아 씨는 어렵게 아내에게 생선 조림 얘기를 꺼냈다. 아내가 싫어하기 때문에 아예 생선이라는 말은 꺼내지도 않았던 그였지만, 계속해서 단백질을 돼지고기로만 섭취하는 것도 질렸고 생선 구경을 한 지도 너무 오래된 탓이었다.

"생선이오? 그래도 나 비린내 때문에 냄새도 못 맡고 손질 못하는 거 알잖아요."

아내도 남편에게 미안한 듯이 말했다. 자기 때문에 남편이 그렇게 좋아하던 생선을 결혼 후 한 번도 먹지 않은 걸 아내도 알고 있었기 때문이다.

"그럼…… 생선을 사서 손질하지 말고 아예 반찬 가게에 가서 생선 조림을 사는 게 어때?"

"반찬 가게에서 사오자고요?"

"응, 그러면 우리 자기가 생선을 직접 만질 일도 없잖아."

"그러면 저야 고맙죠."

"그래! 그럼 오늘 저녁에는 생선 조림을 사러 가자."

아내는 잠시 동안만이라도 살아 있는 생선을 손질할 생각을 하니 속이 울렁거리는 것만 같았다. 그래도 생선을 만지는 대신 조리된 걸 사면 된다는 생각에 그나마 울렁거리던 속이 나아졌다. 그렇게 해서 저녁 즈음이 되었고 부부는 저녁 식사 반찬에 오를 생선조림 을 사기 위해 나갔다.

"여보, 그동안 생선 못 먹게 해서 미안했어요."

"아니야, 우리 자기가 싫어하는데 뭐……."

그렇게 둘은 서로에게 미안해하며 두 손을 꼭 잡고 반찬 가게에 들어갔다. 반찬 가게에서는 생선 조림부터 시작해서 일미, 깻잎, 멸 치 조림 등 여러 반찬들이 있었다. 그러나 남편이 반찬 가게 문을 열자마자 아내의 속이 다시 울렁거리기 시작했다. 문을 열자마자 살짝 비린내가 났기 때문이다.

"어서 오세요~."

종업원은 반찬을 정리하고 있다가 들어오는 부부를 보고서 인사 를 했다. 가게 안으로 들어간 남편은 여태 맛보지 못했던 여러 반찬 들을 구경하느라 정신이 없었다. 하지만 기쁜 남편과 달리 아내의 속은 그때도 좀처럼 나아질 기미가 보이지 않았다.

"여보, 이리 와 봐. 여기 마늘장아찌 되게 맛있어 보이지?"

"응? 응……."

"왜 그래? 속이 안 좋아?"

"아니, 아니야……."

아내는 속이 안 좋다고 하면 남편이 반찬도 안 사고 나가자고 할까 봐 울렁이는 속을 꾹 참고 남편에게 애써 미소를 보이며 아니라고 했다. 남편은 말수가 적어진 아내를 걱정했지만 속이 괜찮다는 말에 다시 여러 반찬들을 둘러보았다. 그때 멀리서 지켜보던 종업원이 다가왔다.

"어서 오세요, 혹시 찾는 반찬이라도 있으세요?"

"아, 생선 조림을 찾고 있는데요."

"생선 조림은 여기 있습니다."

종업원은 친절하게도 생선 조림이 있는 곳으로 안내했다. 그 종업원을 따라 남편과 아내는 생선 조림이 있는 곳으로 갔다. 무와 함께 빨갛게 누워 있는 생선 조림이 보였다.

"여보, 정말 맛있겠다~."

오랜만에 생선을 보는 터라 남편은 입에 고인 침을 꿀꺽 삼키며 웃었다.

"그럼 이거 한번 맛보세요."

종업원은 남편이 생선 조림을 좋아하는 걸 보고서는 아내에게 맛보기를 권유했다. 그래서 준비된 나무젓가락으로 고기 한 점을 떼서 아내에게 내밀었다. 생선 조림이 아내의 입 앞까지 왔다. 가만히 남편을 보고 있던 아내는 갑작스럽게 들이대는 강도 높은 비린내를 도저히 못 참겠는지 헛구역질을 했다.

"우욱……."

아내는 생선 비린내를 피하기 위해서 손으로 입을 막으면서 얼른 뒤로 돌았다.

"여, 여보! 혹시…… 입덧이야? 임신한 거야?"

"아니…… 그냥 비린내가 심해서 그런 거야……."

순간 등을 돌려 생선을 피한 아내는 진지하게 묻는 남편의 말에 어렵게 대답했다. 남편은 살짝 아쉬운 듯하면서도 헛구역질까지 한 아내가 걱정되었다.

"이 집은 왜 이렇게 비린내가 심해요!"

아직 아내가 비린내로 헛구역까지 하는 모습을 본 적 없는 남편은 얼마나 비린내가 심했으면 헛구역질까지 하나 싶어 종업원에게 따졌다.

"생선이 비린내 나는 건 당연한 거 아닌가요?"

종업원은 어처구니가 없다는 듯 말했다.

"그래도 우리 아내가 헛구역질까지 한 거 못 보셨어요?"

"그건 아내 분이 예민하신 거죠!"

"아니에요! 여기가 유독 비린내가 심한 거예요!"

"생선보고 비린내 난다고 뭐라 하는 사람은 처음 봤네요!"

"당신들이 비린내 나게 조리해서 우리 아내가 헛구역질까지 했어요! 고소할 거예요!"

"고소요? 정말 당혹스럽군요!"

이렇게 해서 남편 생선좋아 씨는 아내를 위해 이 가게를 고소하기에 이르렀다.

생선 요리에서 나는 비린내는 중화 반응을 이용하여 줄일 수 있습니다.
요리가 끝난 생선에서 나는 비린내의 주성분은 알칼리성이므로
생선에 산성 물질을 뿌리면 중화가 되어 비린내가 줄어듭니다.

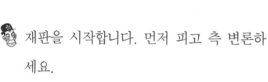

생선 비린내를 줄이려면 어떤 방법을
써야 할까요?
화학법정에서 알아봅시다.

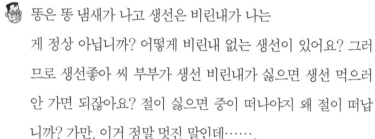

재판을 시작합니다. 먼저 피고 측 변론하
세요.

똥은 똥 냄새가 나고 생선은 비린내가 나는
게 정상 아닙니까? 어떻게 비린내 없는 생선이 있어요? 그러
므로 생선좋아 씨 부부가 생선 비린내가 싫으면 생선 먹으러
안 가면 되잖아요? 절이 싫으면 중이 떠나야지 왜 절이 떠납
니까? 가만, 이거 정말 멋진 말인데…….

멋지긴 뭐가 멋집니까? 정말 변론에 화학은 한 군데도 안 들
어가는군! 원고 측 변론하세요.

요즘 식당 주인 사이에서 유명세를 타고 있는 비린내제거연구
소의 비린시로 박사를 증인으로 요청합니다.

커다란 고등어 그림이 그려진 티셔츠를 입은 30대의
남자가 물고기가 꼬리를 흔들 듯 엉덩이를 흔들며 걸어
들어와 증인석에 앉았다.

 비린내는 왜 생기죠?

죽은 생선에서 비린내가 나는 이유는 생선의 신선도가 떨어지면서 생기는 트리메틸아민이라는 물질 때문입니다.

비린내를 없애는 방법이 있습니까?

네, 여러 가지 방법이 있어요. 예를 들어 고등어에서 비린내가 나는 것은 지방 때문입니다. 이 지방을 없애려면 감자와 같이 단백질이 풍부한 식품을 많이 넣고 요리하면 됩니다.

어떤 원리죠?

단백질 성분이 고등어 기름을 잘게 나누어 냄새가 나는 기름을 거의 다 둘러싸서 같이 구운 식품에 고등어 기름이 스며들어 가지 않게 하기 때문이지요.

요리가 끝난 후 나는 비린내는 어떻게 제거하죠?

중화 반응을 이용하면 됩니다.

그건 왜죠?

비린내의 주성분이 알칼리성이기 때문이지요. 그러므로 생선에 레몬즙을 뿌리면 레몬 속의 시트르산으로 중화가 되어 비린내가 사라집니다.

방법이 있었군요. 그렇죠? 판사님?

그런 거 같군요. 요리를 하는 사람들은 항상 요리 속의 화학에 대한 공부를 많이 할 필요가 있습니다. 요리의 많은 과정들이 화학 반응과 관계 있으니까요. 앞으로 피고 측은 비린내가 없는 생선 요리만 손님에게 내놓도록 하세요.

재판이 끝난 후 비린내싫어는 남편을 위해 직접 생선 요리를 자주 하였으며, 그 뒤 둘 사이에 이쁜 딸을 출산하게 되어 더욱 행복한 가정을 가꾸게 되었다.

 중화

산성 물질과 염기성 물질이 반응하여 산 및 염기의 성질을 잃는 현상을 말한다. 예를 들어 산성을 띠는 염산과 염기성을 띠는 수산화나트륨을 중화 반응시키면 염화나트륨이 만들어지는데 염화나트륨은 중성을 띤다.

암모니아가 왜 그리 많이 나오는 거지?

원조 암모니아 공장의 생산량이 줄어든 이유는 뭘까요?

과학공화국에 냄새나 도시가 있었다. 이 도시에서 제일 큰 공장은 원조 암모니아 공장이었다. 그래서 이 냄새나 도시는 암모니아 생산으로 번 돈으로 돌아갈 만큼 공장의 영향력은 대단했다. 그 때문인지 원조 암모니아 공장은 항상 생산량 1위를 달리고 있었다. 그러던 어느 날, 원조 암모니아 공장 앞에 새로운 뉴암모니아 공장이 생겼다. 갑자기 생긴 뉴암모니아 공장을 보고서는 원조 암모니아 공장의 사장인 스콩크 씨는 혹시 생산량 1위를 빼앗길까 봐 걱정이 되었다. 그래서 직원들과 대책을 논의하게 되었다.

"이봐 앞에 뉴인가 뮤인가 하여튼 새로운 암모니아 공장이 생긴 건 다들 알고 있지?"

"네."

"우리가 항상 생산량 1위를 하고 있지만 이렇게 새롭게 생기니깐 긴장되네."

"그래도 저희의 생산량을 따라잡을 수는 없을 겁니다!"

"아니, 무슨 근거가 있는 말인가?"

"사장님, 그러실 줄 알고 제가 먼저 스파이를 보냈습니다!"

"스파이를? 오호라…… 그래, 얻어 낸 거라도 있어?"

"네, 거기는 공장 크기도 작을뿐더러 공장에서 일하는 직원 수도 적었습니다!"

"오케이~그렇단 말이지? 그럼 생산량도 분명 적겠군."

"네, 걱정하실 필요 없습니다."

"그래, 수고했네."

이미 스파이를 보낸 직원 덕분에 뉴암모니아 공장은 규모나 직원 수에서 원조 암모니아 공장을 따라잡을 수 없다는 걸 알게 되자 사장 스콩크 씨는 안심이 되었다. 분명 앞으로도 생산량 1위는 원조 공장일 거라는 생각에서였다. 그래서 새로 생긴 공장은 신경 쓰지 않고 원래처럼 원조 암모니아 공장을 운영했다. 그리고 몇 달 후 매달 생산량을 보고하는 날이 다가왔다. 직원이 원조 암모니아 공장의 암모니아 생산량이 기록된 서류를 스콩크 씨에게 내밀었다.

"여기 이번 달 생산량입니다."

"벌써 한달이 지났나? 그래……."

스콩크 씨는 직원이 내민 서류를 보면서 저번 달과 같은 생산량을 확인하고 당연하다는 듯이 말했다.

"음…… 뭐 여전히 많이 생산되는구면."

그때, 갑자기 신경 쓰지 않기로 했지만 신경이 쓰이는 뉴암모니아 공장이 떠올랐다. 그 공장의 생산량은 얼마나 나오는지 궁금했기 때문이다.

"저기…… 뉴암모니아 공장의 생산량은 얼마나 나왔는지 알 수 있는가?"

스콩크 씨는 남들이 들을까 몰라 조용한 목소리로 직원에게 말했다. 하지만 직원 또한 알 리가 없었다.

"아…… 사장님께서 뉴암모니아 공장에 대해 신경 쓰시지 않는 것 같아서 조사하지 않았는데요."

"으흠…… 나도 신경은 안 쓰는데, 다만 그냥 궁금할 뿐이야."

새로 생긴 공장에 너무 신경을 쓰고 있는 걸 들킨 게 무안한 스콩크 씨는 헛기침을 하면서 다시 작은 목소리로 말했다. 그리고 사장님이 은근 신경 쓰고 있다는 것을 눈치 챈 직원이 말했다.

"네, 그럼 이번에도 스파이를 보내겠습니다."

"그래, 그래 주겠나?"

이렇게 스파이 업무를 부탁받은 직원은 저번처럼 다른 직원을 시켜 뉴암모니아 공장의 청소부로 잠입시켰다.

"이번에도 청소부예요?"

"그게 들킬 염려도 없고 좋아. 가서 뉴암모니아 공장의 생산량은 얼마나 되는지 알아보고 와!"

"네, 알겠어요!"

이렇게 해서 스파이 역할을 하게 된 직원은 파란색 청소부 옷을 입고 빗자루를 든 채 공장 여기저기를 누비고 다녔다. 사람들이 하는 말에서 유용한 정보를 얻기 위해 사람들이 많이 모여 있는 휴게실에 갔다. 휴게실에는 잠시 쉬려는 사람들이 커피를 마시면서 서로 이야기꽃을 피우고 있었다. 스파이 직원은 물걸레를 들고서는 휴게실을 청소하는 척하면서 사람들의 얘기 소리에 귀를 기울였다.

"아줌마, 여기 좀 잘 닦아 주세요."

뉴암모니아 공장에서 일하는 사람들은 스파이를 알아보지 못한 채 여전히 청소부인 줄만 알고 청소를 해 달라는 부탁까지 했다. 그 말에 아무 말도 못하고 물걸레질을 하고 있던 스파이 직원에게 뭔가 중요한 정보가 들렸다.

"우리 공장 이번 달 생산량이 대단했다지?"

"그래, 나도 들었어. 원조 암모니아 공장을 뛰어넘었다고 들은 것 같은데."

"그 소리 나도 들었어. 우리 공장이 생산량 1위 했다던데."

"정말 대단하다니깐~."

남자 두 명이서 커피를 마시면서 하는 얘기였다. 스파이 직원은 그 소리를 듣자마자 너무 놀라 들고 있던 대걸레를 놓칠 뻔했다.

'생산량 1위를 뺏기다니……'

이것은 원조 암모니아 공장을 다니는 직원으로서 정말 놀랄 일이었다. 스파이 직원은 그 소리를 듣자마자 대걸레를 든 채로 원조 암모니아 공장으로 들어와 사장실로 뛰어갔다.

"사장님! 큰일 났습니다!"

"응? 청소부 아줌마가 어쩐 일이세요?"

"아니, 저는 뉴암모니아 공장에 갔다 온……"

"아, 자네가 스파이! 근데 큰일은 무엇인가?"

"저…… 그것이……."

대걸레를 들고 쭈뼛쭈뼛 선뜻 얘기하지 못하는 직원을 보고서 사장인 스콩크 씨는 뭔가 불길한 예감이 들었다. 그래서 얼른 말하기를 재촉했다.

"어서 말해 보래두!"

"그것이…… 이번 달 생산량 1위는 뉴암모니아 공장이 한 것 같습니다."

"뭐라고?"

"네, 제가 똑똑히 듣고 왔습니다. 우리 공장보다 생산량이 많다고 들었습니다."

"어째서? 공장도 우리 공장이 크고 직원 수도 우리 공장이 많은

데 도대체 어떻게 된 거야!"

"그건 저도 잘······."

"이거 혹시······ 가짜 암모니아를 팔고 있는 거 아니야?"

"네?"

"의심해 볼 건 그것밖에 없지 않는가, 다른 조건들이 다 우리보다 안 좋은데······."

"그럴 수도 있지만······."

"아니야, 이건 분명해. 계속 가짜 암모니아를 팔기 전에 내가 먼저 고소해야겠어!"

사장인 스콩크 씨는 생산량이 늘어난 것은 분명 가짜 암모니아를 팔았기 때문이라고 생각해서 뉴암모니아 공장을 고소하기에 이르렀다.

암모니아는 질소와 수소를 반응시켜 만드는데, 철을 넣으면 질소와 수소의
반응 속도가 빨라지므로 더 많은 양의 암모니아가 생성됩니다.
이렇게 반응 속도를 빠르게 하는 물질을 촉매라고 합니다.

여기는 **화학법정**

뉴암모니아 공장이 정말로 가짜 암모니아를
만들어 냈을까요?
화학법정에서 알아봅시다.

 먼저 원고 측 변론하세요.

 같은 화학 반응에서는 같은 양의 생성물이

나오게 되어 있습니다. 그런데 뉴암모니아

공장만 더 많은 양의 생성물이 나온다는 것은 말도 안 돼요.

그러므로 냄새가 납니다. 가짜 냄새 말입니다. 이건 명백하게

암모니아 기체에 공기를 섞어서 양을 늘린 거라고 생각합니

다. 마치 물을 탄 술처럼 말입니다.

 화치 변호사는 증거 없이 함부로 말하지 마세요.

 끄응.

 그럼 피고 측 변론하세요.

 뉴암모니아 공장의 사장을 증인으로 요청합니다.

40대 남자가 총총걸음으로 재판정을 향해 빠르게 걸

어 들어왔다.

뉴암모니아 공장은 어떻게 더 많은 양의 암모니아를 생산한

거죠?

그건 비밀인데……

 말씀을 안 하면 증인이 가짜를 생산한 것을 인정하게 됩니다.

 별수 없군요. 암모니아는 질소와 수소를 반응시켜 만듭니다. 이때 철을 넣으면 반응 속도가 빨라지지요. 반응 속도가 빨라지면 당연히 암모니아의 생산량도 많아질 수밖에 없습니다. 이렇게 반응 속도를 빠르게 하는 물질을 촉매라고 합니다.

 촉매가 핵심이었군요.

 그렇습니다. 촉매는 반응 속도만 빠르게 할 뿐 실제로 생성물질을 만드는 데는 기여하지 않아요. 그러나 속도가 빨라지면서 자체적으로 화학 반응이 많이 일어나므로 암모니아 생성이 증가하는 것입니다. 즉 우리는 촉매인 철을 넣어서 암모니아 합성이 빨리 일어나도록 유도했기에 남들보다 더 많은 암모니아를 생산할 수 있었던 거죠.

 그렇군요. 비밀이 풀린 것 같네요. 판사님 그렇죠?

 그렇군요. 촉매라는 친구는 결국 반응 도우미 역할이군요. 그런 좋은 도우미를 사용하여 더 많은 양의 암모니아를 합성했으므로 뉴암모니아 공장의 암모니아 생산은 정당했다고 판결합니다.

판결 후, 뉴 암모니아 공장이 촉매를 사용해서 더 많은 양의 암모니아를 합성했다는 것을 알게 된 원조 암모니아 공장은 그 즉시 촉

매를 이용하기로 했고, 그 뒤부터는 원조 암모니아 공장과 뉴암모
니아 공장의 생산량이 비슷비슷해졌다.

 촉매

화학 반응에서 반응 물질 이외의 것으로, 스스로는 반응이 일어나기 전이나 후나 화학적으로 아무런
변화를 일으키지 않으면서 반응 속도를 빠르게 하거나 늦게 변화시키는 물질이다.

질산을 돌려줘요

염화은으로 바꾼 질산은을 다시 되돌릴 수 없을까요?

　　과학공화국에서는 연구소에 화학 물질을 공급하는 공장이 있었다. 이 공장에서는 화학 물질을 안전하게 보관하고 또 필요한 화학 물질을 혼합해서 만들기도 하였다. 그래서 과학공화국의 대부분 연구소는 이 공장에서 화학 물질을 주문하기 때문에 없어서는 안 될 중요한 공장이었다. 어느 날 이 공장에 신입사원이 들어왔다. 원래 호기심이 많기로 소문난 궁금해 씨였다.

　　"궁금해 씨, 신입 사원이죠?"

　　"네."

"그럼 먼저 제일 밑바닥부터 차근차근 해 봐야겠죠?"

"밑바닥부터요? 그럼 바닥 청소부터 하는 건가요?"

"하하하, 아니요. 말이 그렇다는 거지요. 일단 화학 물질을 보관하는 창고에서 일하시면 돼요."

"무슨 일을 하는 건가요?"

"음, 보관된 화학 물질의 수량을 체크해 주시고요. 혹시 잘못 놓여 있는 게 있으면 배열도 잘 맞춰 주시면 돼요."

"아…… 네 알겠습니다."

"원래 처음 들어오면 모두 하는 거니깐 열심히 하세요."

처음 들어온 궁금해 씨에게 공장의 총관리인이 이것저것 해야할 일을 가르쳐 줬다. 그 일은 창고에 보관된 화학 물질을 둘러보는 일이었다. 본격적인 공장 일을 하기 전에 어떤 화학 물질들이 있는지 공부한다는 차원에서 모든 신입 사원들이 거쳐 가는 과정이었다.

"창고가 여기라고 했지?"

공장 여기저기 돌아다니면서 창고를 찾은 궁금해 씨는 드디어 지하에 있는 창고 문을 열었다. 창고라고 해서 쾌쾌한 냄새와 먼지만 가득할 거라는 궁금해 씨의 예상과는 달리 창고는 먼지 하나 없이 깨끗하게 잘 정돈된 모습이었다.

"우아, 이 많은 병들 좀 봐."

마치 도서관에 온 것처럼 선반 위에 많은 화학 물질들이 줄 맞춰서 올려져 있었다. 평소 호기심이 많았던 궁금해 씨는 이렇게 많은 화학 물질들을 본 것은 처음이라 눈이 휘둥그레졌다.

"정말 많기도 많구나……."

그 넓은 창고를 둘러본 궁금해 씨는 자신이 해야 할 일을 잊은 채 호기심이 발동했다. 학교에서 물질들을 서로 섞으면 새로운 화학 물질로 바뀐다는 것을 배워 알고 있던 궁금해 씨는 어떤 두 물질을 조금만 섞어 보려고 했던 것이었다.

"정말 조금만 섞어 보면 티도 안 나겠지?"

궁금해 씨는 여러 보관병 중에서 질산은과 염화나트륨을 꺼냈다. 이 두 개를 섞으면 염화은이 만들어진다는 게 어렴풋이 기억이 났기 때문이다. 그래서 염화나트륨 병에 질산은을 조금만 부으려고 했다. 그런데 그때 하필 진동으로 돌려 놓은 휴대전화가 울렸다.

"드드드드……."

공장 안이라서 휴대전화를 진동으로 해 놓은 궁금해 씨는 주머니에서 느껴지는 진동 때문에 덩달아 손까지 떨렸다. 손이 흔들리자 들고 있던 질산은도 같이 흔들렸고 결국 의도하지 않게 염화나트륨에 질산은을 모두 쏟아 버렸다.

"어머! 다 넣어 버렸네!"

궁금해 씨는 결국 질산은을 모두 쏟아 버린 나머지 염화은만 가득 만들어 놓았다. 순간 궁금해 씨는 겁이 났다.

"이거 걸리면 바로 잘리겠지? 입 다물고 있으면 아무도 모를 거야……."

　궁금해 씨는 얼른 흘린 질산은을 닦고 흔적을 없앴다. 그리고 만들어진 염화은을 따로 보관해 두었다. 그리고 그제야 정신을 차리고 총관리인이 시킨 일을 시작했다. 그 시간에 사장실에서는 주문 전화가 들어왔다.

　"네? 질산은이오? 물론 보관하고 있지요."

　"다행이네요. 급한 거니깐 지금 당장 보내주세요."

　"네, 지금 바로 보내드리겠습니다."

　질산은을 전화로 주문한 곳은 일등연구소인데, 일등연구소는 과학공화국에서 제일 영향력 있는 큰 연구소였다. 그래서 이 연구소에서 주문이 오면 그날그날 바로 화학 물질을 보내야 하는 것이다. 마침 오늘 질산은을 보내 달라는 주문을 받은 사장은 직접 창고에 화학 물질을 가지러 갔다.

　"이번에 내가 직접 가지러 가겠어. 비서, 어서 배송 준비해 놔."

　"네, 알겠습니다."

　일등연구소에 가는 것은 매우 중요한 일이어서 사장이 직접 창고에 질산은을 가지러 갔다. 그때 마침 좀 아까까지 큰일을 벌였던 궁금해 씨가 아무 일도 없었다는 듯 화학 물질 개수를 체크하고 있었다.

　"아, 신입 사원 궁금해 씨가 일하고 있었군요."

　"네, 거의 끝나갑니다."

"그 때문에 온 게 아니라 주문을 받아서 직접 가지러 온 겁니다."

"아…… 네……."

"질산은이…… 이 근처에 있죠, 아마?"

사장님이 질산은이 있는 쪽으로 고개를 기웃거리며 찾고 있었다. 하지만 아까 궁금해 씨가 다 써버려서 질산은이 있을 리 없었다. 사장이 질산은을 찾고 있다는 생각에 바싹 긴장한 궁금해 씨가 하던 일을 멈추고 사장 쪽을 봤다.

"어라, 궁금해 씨. 질산은이 어디 있죠?"

"그…… 그게……."

"내게 무슨 할 말 있습니까?"

"죄송합니다. 실수로 그만 질산은과 염화나트륨이 섞였습니다."

"뭐예요? 그럼 염화은만 있단 말이에요?"

"네…… 질산은을 다 써 버렸습니다."

"궁금해 씨! 이 주문이 어떤 주문인 줄 알아요? 일등연구소에서 부탁한 거란 말입니다! 이렇게 되면 주문 물량을 못 채운단 말입니다!"

"죄송합니다. 다 제 잘못입니다."

"그게 문제가 아니에요! 빨리 원래대로 질산은을 만들어 내란 말이에요!"

그 일로 인해 바로 질산은이 배송되지 않자 일등연구소는 화학물질을 공급하는 공장을 다른 공장으로 바꿔 버리고 궁금해 씨가 있

는 회사와는 거래를 끊어 버렸다. 이 일로 화가 난 사장은 궁금해
씨를 화학법정에 고소했다.

화학 반응의 결과 생겨난 물질에서 화학 반응 이전의 물질을
다시 만들어 낼 수 있는 반응을 가역 반응이라 하고,
그럴 수 없는 반응을 비가역 반응이라고 합니다.

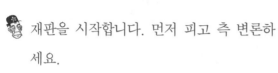

질산은을 다시 만들어 낼 수 있을까요?
화학법정에서 알아봅시다.

재판을 시작합니다. 먼저 피고 측 변론하
세요.

살다 보면 사람이 실수할 수도 있지……
뭘 이런 문제로 사람을 해고합니까? 그리고 질산은으로 반응
시켜 만들어 냈으니 거꾸로 반응을 되돌리면 다시 질산은이
만들어질 거 아닙니까? 100원짜리 동전을 10원짜리로 바꿨
다가 그게 싫으면 다시 100원짜리로 바꿀 수 있듯이 말입니
다.

정말 근거 없는 변론의 극치를 달리는군! 원고 측 변론하세요.

비가역연구소의 안돌려 박사를 증인으로 요청합
니다.

머리를 뒤로 올백한 50대 남자가 증인석으로 걸어 들어왔다.

증인이 하는 일은 뭐죠?

가역 반응과 비가역 반응을 연구하고 있습니다.

말이 어렵군요. 좀 쉽게 설명해 주세요.

화학 반응 중 반응 물질에서 생성 물질로 가는 반응을 정반응, 거꾸로 생성 물질에서 반응 물질로 가는 반응을 역반응이라고 합니다. 이때 정반응과 역반응이 모두 일어나는 현상을 가역 반응이라고 하고 그렇지 않은 것을 비가역 반응이라고 합니다.

 어떤 게 가역 반응이죠?

 암모니아에 염화수소를 섞으면 서로 반응하여 염화암모늄이 만들어집니다. 이때 암모니아와 염화수소는 반응 물질이고 염화암모늄은 생성물질이지요. 그렇게 만들어진 염화암모늄을 가열하면 다시 염화수소와 암모니아가 만들어집니다. 그러니까 이 반응은 가역 반응이지요.

그럼 이번 질산은 반응은 가역인가요? 비가역인가요?

질산은에 염화나트륨을 반응시켜 염화은을 만드는 반응은 비가역 반응입니다. 즉 어떤 방법으로도 염화은에서 다시 원래의 질산은을 만들어 낼 수 없지요.

그렇다면 피고의 실수가 너무 컸군요. 그렇죠? 판사님?

그런 거 같군요. 비가역 반응은 꼭 우리네 인생살이 같아요. 후회를 해도 되돌릴 수 없는 그런 인생 말이에요. 아무튼 이번 사건은 피고 측에 책임을 물을 수밖에 없다는 게 제 생각입니다.

재판이 끝난 후, 궁금해 씨는 자신의 잘못을 인정하고 회사 측에

사과를 했다. 회사 측은 신입이라 아무것도 모르고 사고를 쳤다는 점을 감안해서 한 번은 용서해 주기로 했다. 다시 회사에 출근하게 된 궁금해 씨는 더욱더 열심히 일했다.

 가역 변화

물질의 한 체계가 상태 A에서 상태 B로 변화했다가 다시 B에서 A로 변화할 때, 다른 상태와 에너지 교환이 이루어져 순환 전의 변화, 즉 흔적이 전혀 남지 않는 변화를 말한다. 마찰이나 저항이 없는 이상적 역학 변화가 이것이다. 비가역 변화의 반대말이다.

반응열

화학 반응이 일어날 때 방출되거나 흡수되는 열량을 '반응열'이라고 한다. 화학 반응은 발열 반응과 흡열 반응으로 나뉜다.

발열 반응은 반응물의 에너지가 생성물의 에너지보다 커서 반응이 일어날 때 열을 방출하는 반응으로 반응 후 온도가 올라간다. 탄소와 산소가 화합해 이산화탄소가 만들어지는 과정이 그 예다.

흡열 반응은 생성물의 에너지가 반응물의 에너지보다 커서 반응이 일어날 때 열을 흡수하는 반응으로 반응 후 온도가 내려간다. 물이 수소와 산소로 분해되는 과정이 그 예다.

반응열의 측정

반응열은 주로 봄베 열량계를 이용하여 측정한다.

어떤 물질의 온도를 $1℃$ 올리는 데 필요한 열량을 열용량이라고 하는데 반응열은 다음 공식으로 계산된다.

반응열(Q) = 질량 × 비열 × 온도 변화 = 열용량 × 온도 변화

반응열에는 여러 가지 종류가 있다.

연소열은 어떤 물질 1몰이 완전 연소할 때 발생하는 열량을 말하고, 생성열은 어떤 화합물 1몰이 성분 홑원소 물질에서 생성될 때의 반응열을 말한다. 25℃, 1기압일 때의 생성열을 표준 생성열이라 부른다.

분해열은 어떤 화합물 1몰이 성분의 홑원소 물질로 분해될 때의 반응열로, 분해 반응은 생성 반응의 역반응이므로, 분해열은 생성열과 그 크기는 같으나 부호가 반대다.

용해열은 어떤 용질 1몰이 다량의 물에 용해될 때 출입하는 열량을 말한다.

중화열은 산과 염기가 중화될 때 생성되는 에너지를 말한다. 즉 산과 염기가 반응하여 물이 만들어질 때 발생하는 열량이다.

헤스의 법칙(총열량 불변의 법칙)

화학 변화가 일어나는 동안에 발생 또는 흡수한 열량은 반응 전의 물질의 종류와 상태 및 반응 후의 물질의 종류와 상태가 결정되면, 반응 경로에는 관계없이 항상 일정하다. 이것을 '헤스의 법칙'이라고 부른다.

반응 속도

화학 반응이 일어날 때 단위 시간당 감소된 반응 물질의 농도, 또는 증가된 생성 물질의 농도를 반응 속도라고 한다. 즉 화학 반응이 빠르게 또는 느리게 일어나는 정도를 나타낸다. 반응 속도는 일정한 온도에서 반응 물질 농도의 곱에 비례한다.

화학 반응이 일어나려면 반응 물질의 분자가 반드시 충돌해야 하지만 반응 물질이 서로 충돌한다고 해서 모두 반응이 일어나는 것은 아니다. 이때 반응이 일어날 수 있는 충돌을 유효 충돌, 그렇지 않은 것을 비유효 충돌이라고 부른다.

반응 속도에 영향을 미치는 요인은 다음과 같은 것들이 있다. 이때 반응 물질의 농도가 증가할수록 반응 속도가 빨라진다. 반응 속도는 온도가 높을수록 빨라진다. 그래서 여름철에는 음식물이 쉽게 상하지만, 겨울철에는 쉽게 상하지 않는다. 온도가 10℃ 올라감에 따라 반응 속도는 약 두세 배 증가한다.

촉매

화학 반응에서 자신은 변하지 않고 반응 속도를 변화시키는 물질을 촉매라고 한다. 정촉매와 부촉매로 나뉜다.

정촉매는 반응 속도를 빠르게 하는 물질로 과산화수소 분해 반응에서 이산화망간이 그 예다. 부촉매는 반응 속도를 느리게 하는 물질로 과산화수소 분해 반응에서 인산이 그 예다.

촉매는 반응 속도에만 영향을 미치고 반응열에는 아무 영향도 미치지 못한다.

분자

물질의 특성을 띤 가장 작은 입자를 분자라고 부른다. 분자의 상태는 온도에 따라 고체, 액체, 기체 상태로 존재하고 분자 내의 원자 간 결합 길이는 변하지 않고 분자 간 거리만 변한다.

원소 기호를 써서 분자를 구성하고 있는 원자의 종류와 수를 나타낸 식을 분자식이라고 하는데 분자는 다음과 같이 구분한다.

① 단원자 분자: He, Ne, Ar(비활성 기체) 등

② 2원자 분자: H_2, O_2, N_2, HCl, CO 등

③ 3원자 분자: H_2O, CO_2, O_3, H_2S 등

④ 다원자 분자: 3원자 이상의 여러 개의 원자로 된 분자

이온

중성인 원자가 전자를 잃거나 얻어서 전하를 띤 입자를 이온이라고 하는데 양이온과 음이온이 있다. 원자가 전자를 잃어 양의 전하를 띤 것을 '양이온', 반대로 원자가 전자를 얻어 음의 전하를 띠면 '음이온'이라고 한다.

일반적으로 금속 원소는 전자를 잘 잃어버리기 쉬워 양이온이 되고 비금속 원소는 전자를 잘 받아들이므로 음이온이 된다. 예를 들어 염화나트륨이 물에 녹으면 염소는 음이온이 되고 나트륨은 양이온이 된다.

여러 개의 원자가 모여 마치 한 원자처럼 행동하는 원자의 집단이 전하를 띤 이온을 '라디칼 이온'이라고 한다. 라디칼 이온에는

다음과 같이 두 종류가 있다.

① (+) 라디칼 이온: 옥소늄 이온, 암모늄 이온 등
② (−) 라디칼 이온: 수산화이온, 질산 이온, 과망간산 이온, 탄산 이온,
  중크롬산 이온, 인산 이온, 질산 이온, 황산 이온 등.

화학식

물질을 이루는 기본 입자인 원자, 분자, 이온을 원소 기호와 숫자로 나타낸 식을 화학식이라고 한다. 화학식에는 분자식, 실험식, 시성식, 구조식 및 이온식 등이 있으며 가장 자세한 정보를 제공하는 화학식은 구조식이다. 어떤 물질은 각 나라마다 다르게 불린다. 여러 나라에서 연구하는 학문, 화학에 대하여 서로 쉽게 의견을 주고받으려면 쉽게 이해할 수 있는 간단한 표현 수단이 필요하다. 그래서 화학식이 필요한 것이다. 화학식에는 분자식과 실험식이 있는데 분자식은 한 분자를 이루는 원자의 종류와 수를 나타낸 식이고 실험식은 물질을 구성하는 원자의 종류와 수를 가장 간단한 정수비로

나타낸 화학식이다. 물은 분자식이 H_2O이고 실험식도 H_2O이다. 그러나 과산화수소의 경우 분자식(H_2O_2)은 실험식(HO)의 두 배다.

화합물의 명명법

두 가지 원소로 된 화합물은 화학식 뒤에 있는 음성 원소 이름 끝에 '화'를 붙인 다음, 앞에 있는 양성 원소의 이름을 붙인다. 음성 원소의 이름이 '소'로 끝날 때는 '소'를 생략하나 수소는 생략하지 않는다. 예를 들어 KBr은 브롬화칼륨, $CaCl_2$는 염화칼슘, Na_2O는 산화나트륨, NaH는 수소화나트륨으로 불린다.

두 가지 이상의 화합물을 만드는 경우에는 원자의 수를 '일' '이' '삼' 등으로 표시하고 해당 원소 이름 앞에 쓴다. 단 혼동할 우려가 없을 때는 이 숫자를 생략할 수 있다.

(예)
N_2O 일산화질소	CO 일산화탄소	SO_2 이산화황
N_2O_4 사산화질소	CO_2 이산화탄소	SO_3 삼산화황

과학성적 끌어올리기

하버의 암모니아 합성

공기 중에서 가장 많은 비중을 차지하는 기체는 질소다. 20% 정도의 산소를 제치고 78%라는 엄청난 비중을 질소라는 기체가 차지하고 있다. 하지만 정작 식물이 필요로 하는 질소는 이렇게 흔한 기체 형태의 질소가 아니어서, 인류는 오랫동안 식량 부족으로 애를 태우기도 했다. 하버는 이 문제를 어떻게 해결했을까.

식량을 구성하는 주된 화학 원소는 탄소, 수소, 산소, 질소 그리고 인이다. 식물은 잎을 통해 받아들이는 공기 중의 이산화탄소에서 산소를, 그리고 뿌리를 통해 흡수한 물에서 나온 수소를 얻는다. 이렇게 얻은 원소들은 광합성을 통해 최종적으로 탄수화물이 된다. 그런데 단백질, 핵산, 인지질 등을 만들려면 탄소, 수소, 산소 이외에도 질소와 인이 반드시 필요하다.

대개 식물이 이용할 수 있는 이산화탄소와 물은 풍부하지만 질소와 인은 부족하다. 인은 인산염을 많이 포함한 암석을 산으로 처리해서 비료로 얻을 수 있고, 또 식물에 필요한 소량의 칼륨도 재를 뿌려서 보충할 수 있다. 그러나 질소 성분은 그 양이 적어 근본적인 해결책이 될 수 없었다.

공기 중에는 78%에 해당하는 엄청난 양의 질소가 포함돼 있지만 정작 식물에 필요한 질소를 얻을 수 없다는 것은 과학자들에게는 참으로 답답한 문제였다. 공기 중의 질소는 두 개의 질소 원자가 삼중 결합에 의해 단단히 묶여 있는 분자($N \equiv N$)이기 때문에, 이들 원자를 떼어내 식물 세포가 이용할 수 있는 암모늄 이온(NH_4^+)이나 질산 이온(NO_3^-)으로 만들 수 없었던 것이다. 이를 '질소고정'이라 하는데, 자연에 존재하는 대부분 식물들은 스스로 질소를 고정할 능력이 없어서 뿌리혹박테리아와 같은 다른 생물의 도움을 받아야만 했다.

1904년 하버는 기체 반응의 물리화학적 이해를 토대로 기체 상태의 질소와 수소를 직접 반응시켜 암모니아를 만드는 연구에 착수했다. 이 반응은 다음과 같이 간단한 반응식으로 나타낼 수 있는데, 하버는 반응을 통해 암모니아를 효과적으로 얻는 방법을 알아내기 위해 평형과 반응 속도라는 두 가지 면을 함께 고려했다.

$$N_2(기체) + 3H_2(기체) \rightarrow 2NH_3(기체)$$

질소와 수소를 섞어 온도를 높여 주면 암모니아가 생기는 반응이 일어난다. 그러나 일정 시간이 지나면 더 이상 반응이 일어나지 않고 용기 속 기체들이 평형 상태에 도달한다. 화학 평형이란 두 개의 어항을 관으로 연결하고 한쪽에 여러 마리의 물고기를 넣으면 물고기들이 양쪽 어항을 드나들면서 어느 시간에 두 어항의 물고기 숫자가 변하지 않고 일정하게 유지되는 것에 비유해 볼 수 있다. 평형 상태에서는 물고기가 계속 양쪽으로 왔다 갔다 하지만 전체적으로는 변화가 없는 것으로 보인다. 그러나 어느 순간 조건이 변하면 처음과 반대 방향으로도 화학 반응이 진행될 수 있는데 이러한 과정을 '가역 과정'이라 부른다.

암모니아 합성 반응도 마찬가지로 가역 반응이었다. 하버는 암모니아가 많이 생긴 상태에서 평형이 이뤄지도록 하는 온도, 압력 등의 조건을 찾으려고 했다. 그러나 평형 조건을 찾았다고 해도 평형 조건은 평형이 이뤄졌을 때 반응물과 생성물이 어떤 비율로 섞여 있는지만 말해 줄 뿐이었다. 평형에 얼마나 빨리 도달하는지, 즉 반응 속도에 대해서는 알 수가 없었다.

암모니아가 생겨나려면 우선 질소 분자와 수소 분자의 화학 결합이 깨져야 한다. 그런데 질소(N_2)는 삼중 결합을 이루고 있는 안정된 분자이므로 이 반응은 보통 온도에서는 아주 느리게 일어난다.

일반적으로 온도를 높이면 반응하는 분자들이 높은 운동 에너지를 가진다. 따라서 단위 시간당 충돌 횟수가 증가하고 충돌에 의해 화학 결합이 깨지면서 재결합해 생성물을 만들 확률이 높아지기 때문에 반응 속도가 증가한다.

그런데 이 반응은 위의 그림에서 볼 수 있듯이 생성물의 에너지 상태가 반응물의 에너지보다 낮은 발열 반응이다. 발열 반응 시에는 외부에서 열을 가해주면 열을 줄이는 방향으로, 즉 위의 반응에서는 평형이 왼쪽으로 이동하게 된다.

반응에서 나온 열을 처리해야 하는데 밖에서 오히려 열을 가해주면 암모니아가 그 열을 이용해서 다시 분해되어 에너지가 높은 원래의 질소와 수소로 되돌아간다. 뿐만 아니라 온도가 높은 상태에서는 이 역반응 속도가 더욱 빨라져서 암모니아를 얻는 데 이중으로 불리한 조건이 만들어진다. 반면에 온도를 낮추면 평형을 이루는 데는 유리하지만, 반응 속도가 너무 느려서 실제로 암모니아가 별로 만들어지지 않았다.

하버는 이러한 제한 속에서 암모니아를 얻기에 알맞은 온도를 유지하면서 반응 속도를 빠르게 하기 위해 촉매를 사용했다. 그런데 촉매를 사용하면 암모니아가 생성되는 정반응의 속도도 빨라지지만, 반대로 암모니아가 질소와 수소로 분해하는 역반응의 속도도 빨라진다. 따라서 암모니아를 얻는 효율을 높이려면 평형을 암모니아가 생성되는 방향으로 이동시켜야 한다.

앞에서 살펴본 대로 온도를 낮추면 반응 속도가 느려지기 때문에, 하버는 높은 온도를 유지하면서 아주 높은 압력을 가해 평형을 오른쪽으로 이동시켰다. 당시 물리 화학의 세계적인 권위자인 오스트발트(1909년 노벨 화학상 수상)도 촉매를 이용한 암모니아 합성을 시도했다가 실패했는데, 하버는 높은 압력을 이용하는 새로운 방법으로 성공을 거두었다.

반응식을 보면 네 개의 기체 분자(한 개의 질소 분자와 세 개의 수소 분자)가 반응하면 두 개의 암모니아 분자가 생기는 것을 알 수 있다. 즉 반응의 결과로 분자 수가 절반으로 줄기 때문에 압력이 절반으로 줄어든다.

때문에 압력을 가하면 압력이 줄어드는 방향, 즉 암모니아가 생성되는 방향으로 평형 이동하게 된다. 게다가 만들어진 암모니아를 계속적으로 제거하면 역시 암모니아가 만들어지는 방향으로 평형 이동된다.

하버는 평형 조건에 대한 물리 화학적인 분석을 토대로 수많은 시행착오를 거쳐 500℃, 200기압 조건에서 오스뮴(Os)과 우라늄(U)을 촉매로 쓰면 약 6~10% 수율로 암모니아를 얻을 수 있음을 알아냈다. 그 후 이를 공업화하기 위해 하버는 1909년에 보슈와 협력하여 굴지의 화학 공업 회사인 바스프(BASF)사의 재정적인 지원을 받아 냈다.

1913년 9월에 처음으로 하루에 20톤의 암모니아가 공업적으로 생산되기 시작했다. 이 공정은 하버-보슈 공정으로 불리는데, 하버와 보슈는 이 업적을 평가받아 각각 1918년과 1931년 노벨 화학상을 수상했다.

오늘날 세계적으로 약 1억 7500만 톤의 질소가 경작지에 뿌려지고 약 절반이 작물에 흡수되는데, 그중 약 40%가 하버-보슈 공정을 통해 합성한 인조 비료로 공급된다. 사람이 섭취하는 단백질의 약 75%가 직접 또는 간접적으로 농작물에서 나온다면 세계 인구가 섭취하는 단백질의 약 3분의 1이 하버가 개발한 질소 비료에서 나오는 셈이다.

'인류에게 가장 크게 공헌한 사람'에게 노벨상을 수여하라는 노벨의 유언을 되새겨 보면, 1918년에 하버에게 수여된 노벨 화학상은 노벨상의 정신에 가장 잘 부합된 것이라고 할 수 있다. 그러나 안타깝게도 하버의 얘기는 미담으로 끝을 맺지 못했다.

제1차 세계대전 중 독일의 카이저 빌헬름 물리화학연구 소장이었던 하버는 폭약 제조 기술을 개발하는 한편, 염소를 독가스로 쓰는 방법을 개발했는데, 그는 그렇게 해서라도 빨리 전쟁을 끝내는 것이 인류의 고통을 줄이는 길이라고 믿었다고 한다. 독가스가 연합군에게 처음으로 사용되던 날 하버의 부인은 자살했고, 종전 후 하버는 전범으로 낙인찍혔다.

질소 비료를 값싸게 공급해서 인류를 재앙에서 구출한 하버가 세계대전 중 폭약과 독가스의 제조를 지휘한 사실은 과학과 과학자의 양면성을 보여 주는 듯하다. 과학의 발견을 어떻게 사용하는가는 과학자만이 아닌 인류 전체에게 주어진 과제인 것이다.

화학과 친해지세요

과학공화국 법정시리즈가 10부작으로 확대되면서 어떤 내용을 담을지 많은 고민을 했습니다. 그리고 많은 초등학생들과 중고생 그리고 학부형들을 만나면서 서서히 어떤 방향으로 시리즈를 써야 할지를 생각했습니다.

처음 1권에서는 과학과 관련된 생활 속의 사건에 초점을 맞추었습니다. 하지만 권수가 늘어나면서 생활 속의 사건을 이제 초등학교와 중·고등학교 교과서와 연계하여 실질적으로 아이들의 학습에 도움을 주는 것이 어떻겠냐는 권유를 받고, 전체적으로 주제를 설정하여 주제에 맞는 사건들을 찾아내 보았습니다. 그리고 주제에 맞춰 사건을 나열하면서 실질적으로 그 주제에 맞는 교육이 이루어질 수 있도록 하는 방향으로 집필해 보았지요.

그리하여 초등학생에게 맞는 화학의 많은 주제를 선정해 보았습니다. 〈화학법정〉에서는 물질, 열, 금속, 화학 반응, 음식의 화학, 우리 주위의 화학 물질 등 많은 주제를 각권마다 재미있는 사건으로 엮어 교과서보다 쉽게 화학을 배울 수 있게 하였습니다. 부족한 글 실력으로 이렇게 장편 시리즈를 끌어오면서 독자들 못지않게 저도 많은 것을 배웠습니다. 그리고 항상 힘들었던 점은 어려운 과학적 내용을 어떻게 초등학생과 중학생의 눈높이에 맞출까였습니다. 이 시리즈가 초등학생부터 읽을 수 있는 새로운 개념의 화학책이 되기 위해 많은 노력을 기울여 봤지만 이제 독자들의 평가를 겸허하게 기다릴 차례가 된 것 같습니다.

한 가지 소원이 있다면 초등학생과 중학생들이 이 시리즈를 통해 많은 화학의 개념을 정확하게 깨우쳐 미래의 노벨 화학상 수상자가 많이 배출되는 것입니다. 그런 희망은 항상 지쳤을 때마다 제게 큰 힘을 주었던 것 같습니다.